鼎湖山最先发现物种
——真菌和植物

主编／欧阳学军 宋柱秋 李 挺 张倩媚 副主编／彭丽芳 李南林 邱礼鸿

The Species Found Firstly in Dinghushan
——Fungi and Plants

SPM 南方传媒 | 广东科技出版社
全国优秀出版社

· 广 州 ·

图书在版编目（CIP）数据

鼎湖山最先发现物种：真菌和植物 / 欧阳学军等主编 . —广州：广东科技出版社，2024.3

ISBN 978-7-5359-8108-0

Ⅰ . ①鼎… Ⅱ . ①欧… Ⅲ . ①鼎湖山—自然保护区—真菌 ②鼎湖山—自然保护区—植物 Ⅳ . ①Q949.320.8 ②Q948.526.53

中国国家版本馆CIP数据核字（2023）第126577号

鼎湖山最先发现物种——真菌和植物
Dinghu Shan Zuixian Faxian Wuzhong—Zhenjun he Zhiwu

出 版 人：严奉强
责任编辑：区燕宜　谢绮彤
封面设计：柳国雄
责任校对：曾乐慧　李云柯
责任印制：彭海波
出版发行：广东科技出版社
　　　　　（广州市环市东路水荫路11号　邮政编码：510075）
销售热线：020-37607413
https://www.gdstp.com.cn
E-mail：gdkjbw@nfcb.com.cn
经　　销：广东新华发行集团股份有限公司
印　　刷：广州市彩源印刷有限公司
　　　　　（广州市黄埔区百合三路8号　邮政编码：510700）
规　　格：787 mm×1 092 mm　1/16　印张14.75　字数300千
版　　次：2024年3月第1版
　　　　　2024年3月第1次印刷
定　　价：150.00元

内容介绍

　　本书是一本介绍以采自鼎湖山国家级自然保护区的模式标本命名物种的专著，共涵盖物种152种（含种以下分类单位），其中真菌界3门7纲20目41科64属106种，植物界3门4纲20目30科40属46种。物种信息包括形态特征、生境、模式标本信息和相关图片等。本书可为真菌和植物物种分类的研究人员、资源调查和监测人员提供参考，也可为自然（环境）教育工作者和野生生物爱好者了解本区域生物多样性状况提供指南，并为区域生物多样性保护和生态文明建设提供重要基础资料。

谨以此书
纪念鼎湖山国家级自然保护区建立六十七周年
纪念鼎湖山森林生态系统定位研究站建立四十五周年

前　言

PREFACE

　　鼎湖山国家级自然保护区（以下简称鼎湖山自然保护区）建立于1956年，是我国第一个自然保护区，也是我国首批联合国教科文组织"人与生物圈计划"的世界生物圈保护区，1998年晋级为国家级自然保护区。

　　鼎湖山自然保护区位于广东省肇庆市鼎湖区，总面积1 133公顷，地理位置为东经112°30′39″～112°33′41″，北纬23°09′21″～23°11′30″，在地球上位于北回归线附近，地处亚热带地区，属南亚热带季风湿润气候，冬夏气流交替明显（吴厚水 等，1982）。据多年监测，鼎湖山自然保护区的年平均气温在21℃左右，最冷月为1月，月平均气温约12℃，极端低气温可达–0.2℃；最热月为7月，月平均气温约28℃，极端高气温可达36.8℃；年日照时数约为1 450小时；年降水量在2 000毫米左右，年降水日数约为152天，降水季节性较明显，4—9月为雨季，11月至翌年1月较干旱；年平均湿度约为80%（黄展帆 等，1982；黄忠良 等，1998）。

　　鼎湖山自然保护区地处云开山脉北侧横贯广东中部的罗平山脉中段，珠江三角洲北部，西江下游，整个山体由几列东北—西南走向的山脉组成，北列鸡笼山，海拔1 000.3米，南列三宝峰，海拔491.3米。山体较密集，高差大，坡度陡，山势西北高、东南低；地形属山地和丘陵；基岩为泥盆系的厚层砂岩、砂页岩；土壤主要为赤红壤和黄壤，一般厚30～50厘米（吴厚水 等，1982）。

　　鼎湖山自然保护区的主要保护对象为南亚热带地带性森林植被类型——季风常绿阔叶林（或南亚热带常绿阔叶林），其面积达200多公顷，有近400年的保护历史，物种丰富、结构复杂，在植被演替序列中处于区域气候演替顶级，是全球十分稀少的自然森林植被类型。全球同纬度带上森林的稀缺及鼎湖山森林悠久的保护历史和完整的结构，使鼎湖山自然保护区在全球与森林有关的研究中具有独特的代表性，凸显其重要的生态价值和科学研究价值。因此，鼎湖山自然保护区也被誉为"北回归沙漠带上的绿色明珠"。

独特的地理环境、自然条件和悠久的保护历史，孕育了鼎湖山自然保护区丰富的生物多样性。在其面积不大的范围内，分布有野生高等植物1 948种，记录有鸟类269种、兽类43种、爬行类54种、两栖类23种、昆虫713种、大型真菌836种（黄忠良，2015），使之成为分类学研究备受关注的区域。

鼎湖山是我国较早开展分类学调查和研究之地。现有资料显示，鼎湖山首批标本的采集时间大约在1861年，距今超过160年。定居广州的英国人T. Sampson于1861年夏季首次到鼎湖山进行植物标本采集，此后他又多次到鼎湖山采集植物标本，包括1872年7月与英国植物学家H. F. Hance一同在鼎湖山进行的植物考察，采集到的标本后来被描述为新种的大约有11个，包括盾果草（*Thyrocarpus sampsonii*）、广州蛇根草（*Ophiorrhiza cantoniensis*）等。英国人C. Ford于1882年5月6日也在鼎湖山采集过植物标本，这些标本后来被描述为新种的有2个，即紫背天葵（*Begonia fimbristipula*）和南方荚蒾（*Viburnum fordiae*）。在广州某中学工作的德国人R. E. Mell于1918年3月在鼎湖山采集了约60号植物标本，这些标本后来被奥地利植物学家H. R. E. Handel-Mazzetti发表为新种的有4个，如厚叶素馨（*Jasminum pentaneurum*）等。在岭南大学工作的美国人C. O. Levine也于1916—1918年多次在鼎湖山采集植物标本，这些标本后来被描述为新种的有5个，包括大叶合欢（*Archidendron turgidum*）和柳叶杜茎山（*Maesa salicifolia*）。此外，J. Chalmers于1874年11月和J. Lamont于1875年5月等也在鼎湖山采集过植物标本。

最早在鼎湖山进行植物标本采集的中国人是钟观光，他于1918年9月22—26日（时间编制为22/9/7，26/9/7等）在鼎湖山（"广东顶湖"）采集了89号标本（#928～1016），但这些标本未被及时研究。陈焕镛可能是第二个对鼎湖山进行植物考察的中国学者，他于1928年5月4—7日采集了253号标本（#6257～6509），这些标本后来被描述为新种的有5个，包括鼎湖钓樟（*Lindera chunii*）和广东蔷薇（*Rosa kwangtungensis*）等。蒋英可能是第三个对鼎湖山进行植物考察的中国学者，他于1928年7月3—6日在鼎湖山采集了105号标本（#740～844）。中山大学农林植物研究所（中国科学院华南植物园的前身）成立后，先后派出多位采集者对鼎湖山进行植物调查，包括左景烈于1929年10月16—20日采集了219号标本（#21202～21420）；何汉滔于1930年2月14—17日采集了79号标本（#60001～60079）；高锡朋于1930年6月4—12日采集了72号标本（#50527～50598）；梁向日于1931年1月29日—2月1日采集了55号标本（#60301～60355），于6月11—15日采集了55号标本（#60695～60749），以及于1932年10月10日采集了29号标本（#61812～61840）；

刘守仁于1932年7月25日和8月5日采集了233号标本（#20128～20360）；蒋英于1935年5月30日采集了65号标本（#10956～11020）；侯宽昭于1936年7月20—21日和8月20日采集了16号标本（#74129～74144），以及于1937年3月17—18日采集了9号标本（#74217～74225）等。

1956年鼎湖山自然保护区建立之后，保护区的科研管理人员组织开展了系统全面的植物资源调查，例如石国樑（标本记录上为"石国良"）在鼎湖山采集了约8 000号标本（其中与丁广奇共同采集了约2 600号标本）。其成果主要体现在1978年编辑的《鼎湖山植物手册》当中。1978年中国科学院在鼎湖山建立森林生态系统

定位研究站后，中国科学院华南植物研究所（2003年更名为中国科学院华南植物园）与其他研究机构的科研人员开展了更加深入广泛的本底调查工作，调查范围更是扩展到了动物和真菌，其成果先后发表在《热带亚热带森林生态系统研究》（1～9集）和众多国内外学术期刊上。据笔者统计，各植物标本馆共保存以鼎湖山为采集地的植物标本超过1万号。中国数字植物标本馆（CVH）收录地点为鼎湖山的植物标本共计11 672份（截至2023年2月18日）。广东省科学院微生物研究所真菌标本馆（国际代码GDGM，曾用代码HMIGD）保藏以鼎湖山为采集地的真菌标本4 000余份。标本采集的过程中还在鼎湖山发现了许多新物种。各种文献资料显示，以鼎湖山为采集地的模式标本（包括真菌、植物和动物）至少达202种（欧阳学军 等，2019）。

模式标本是分类群名称发表时所依据的标本和物种学名所依附的实体凭证，在分类学研究中有着不可替代的价值，其数量反映了一个区域对分类学研究积累与贡献的程度及该区域受关注的程度。鉴于模式标本的重要性和鼎湖山自然保护区对新物种发现的重要贡献，笔者对采自鼎湖山的模式标本信息进行了收集，在此整理编辑出版，以期对在鼎湖山自然保护区发现的物种作较系统的总结和介绍。因条件限制，本书仅介绍真菌界和植物界的物种及其模式标本信息。需要特别说明的是，那些被证明与以前命名的物种重复的，或归并的名称，如 *Clitocybe subcandicans* Z. S. Bi、*Marasmius subaimara* Z. S. Bi、*Marasmius subsetiger* Z. S. Bi & G. Y. Zheng、*Marasmius umbilicatus* Z. S. Bi & G. Y. Zheng、*Mycena subgracilis* Z. S. Bi、*Panellus retislamellus* G. Y. Zheng、*Alyxia levinei* Merr.、*Ardisia argenticaulis* Y. P. Yang、*Camellia subglabra* H. T. Chang、*Ilex kudingcha* C. J. Tseng、*Indosasa angustifolia* W. T. Lin、*Indosasa lunata* W. T. Lin、*Lasianthus tenuicaudatus* Merr.、*Lettsomia chalmersii* Hance、*Machilus levinei* Merr.、*Mallotus contubernalis* Hance、*Melodinus wrightioides* Hand.-Mazz.、*Ormosia semicastrata* Hance f. *pallida* F. C. How、*Photinia consimilis* Hand.-Mazz.、*Rhododendron tingwuense* P. C. Tam、*Sinobambusa pulchella* T. H. Wen、*Wendlandia rotundifolia* Hand.-Mazz.等则未详细介绍（见本书的附录1）。

　　本书真菌界的分类系统主要依据Index Fungorum网站（http://www.indexfungorum.org）采用的分类系统，植物界的分类系统主要依据刘冰和覃海宁2022年发表的《中国高等植物多样性编目进展》，并形成本书的属级分类系统（见附录2和附录3）。物种种类的编排：①按先真菌界，再植物界来排列；②真菌界按先子囊菌门，再担子菌门和毛霉门来排列；③植物界按苔藓植物门、蕨类植物门、种子植物门的顺序来排列；④各科中，均按物种的拉丁学名字母顺序排列。这样编排，可把宏观形态相似的类群放在相近的位置，便于查阅对比。

　　由于早期研究未能留下理想的图片，一些体形较细小的物种难以拍摄到实物图片。因此，在尽量收集物种实物图片的基础上，或通过拍摄物种的标本照片，或引用发表时介绍物种特征的图片来说明展示物种的特征，以期为读者提供更多物种特征的直观信息。

　　本书是在各方大力支持和帮助下完成的，尤其感谢中国科学院武汉文献情报中心张吉、中国科学院华南植物园图书馆许秋生等老师在文献查找过程中的大力支持和帮助，也特别感谢中国科学院华南植物园、鼎湖山森林生态系统定位研究站和鼎湖山国家级自然保护区管理局的领导、老师和同事及很多专家在编写过程中的鼓励、帮助和指导。本书出版得到了广东省基础与应用基础研究旗舰项目（2023B0303050001）［Guangdong Flagship Project of Basic and Applied Basic Research（2023B0303050001）］和广东省林业局自然教育基地建设项目（2022年）等的资助。在此一并表示感谢。

　　由于编者水平有限，疏漏和不足之处在所难免，请广大读者批评指正，以便再版时更正。

编　者

2023年6月

目　录
CONTENTS

亚黑紫红菇

绿桂红菇

长柄裸伞

小小红菇

鼎湖水乳菇

紫玫红菇

孔褶绒盖牛肝菌

植物界 | Plantae

鼎湖报春苣苔

毛轴铁角蕨

紫背天葵

真菌界｜Fungi

子囊菌门 Ascomycota	星盾壳科 Asterinaceae

001 沉香星盾炱

Asterina aquilariae Y. S. Ouyang & B. Song 真菌学报, 14（4）：242, 1995

　　形态特征｜菌落叶的两面生, 黑色, 略密, 短绒状, 圆形或不规则形, 直径1.4～2.1毫米, 极少相互融合。菌丝褐色, 密网状, 平直至微波浪状, 锐角对生分枝, 有隔膜, 通常由17～34.7微米×4.6～6.7微米的菌丝细胞组成。附着枝单胞, 对生或不超过40%的互生, 向前伸展, 瓶状、圆柱形或卵圆形, 全缘或角状至浅裂, 7～12.4微米×5～7.4微米。盾状囊壳多数散生, 半圆形或盾形, 直径150～270微米, 成熟时星状开裂, 边缘呈圆齿状或流苏状, 表层细胞直径3～4.5微米。子囊孢子矩圆形至椭圆形, 1个隔膜, 隔膜处缢缩, 褐色, 两端钝圆, 2个细胞大致相等, 光滑, 23～30.9微米×11.6～14.7微米。

　　生　　境｜寄生在瑞香科（Thymelaeaceae）植物土沉香［*Aquilaria sinensis*（Lour.）Spreng.］的叶片上。

　　模式标本｜标本号GDGM 78141; 姜广正1978年7月14日采于鼎湖山; 保存于广东省科学院微生物研究所真菌标本馆（GDGM）。

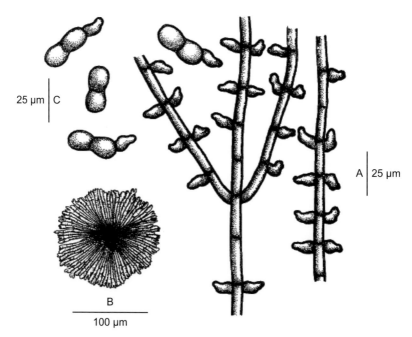

A. 菌丝具附着枝; B. 盾状囊壳; C. 子囊孢子
图片来源: 欧阳友生, 等, 1995. 真菌学报, 14（4）：243

| 子囊菌门 Ascomycota | 星盾壳科 Asterinaceae |

002 鼎湖星盾炱

Asterina dinghuensis **B. Song, T. H. Li & Y. H. Shen** Mycotaxon，90：30，2004

形态特征 │ 菌落围绕叶子生长，纤细，黑色蛛网状或近丝绒状，直径达5毫米，融合在一起。菌丝褐色，弯曲或近笔直，在锐角或钝角处反向或不规则分枝，疏松，近网状，细胞大多数20～45微米×3.8～5微米。附着枝单胞，交替或单侧排列，散生，笔直或轻微弯曲，圆柱形，顶部变窄，偶有角，10～16微米×4～5.5微米。子囊座散生至近聚生，黑色，球形或半球形，直径达260微米，无顶孔或在中心现星状裂口，边缘不规则圆齿状至短流苏状，表层细胞直径2～3.5微米。子囊孢子椭圆形至长方形，褐色，1个隔膜，钝形，在隔膜处缢缩，光滑，20～28微米×10.5～12.5微米。

生　　境 │ 生于桃金娘科（Myrtaceae）植物水翁蒲桃（*Syzygium nervosum* DC.）的叶上。

模式标本 │ 标本号HMIGD 30008；姜广正1978年12月14日采于鼎湖山水翁蒲桃叶子上；保存于广东省科学院微生物研究所真菌标本馆（GDGM）。

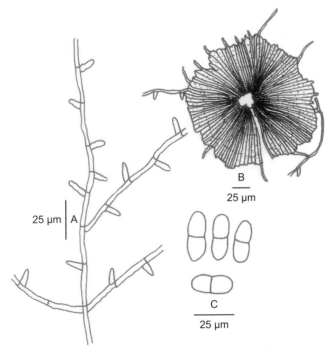

A. 有附着胞的菌丝；B. 子囊座；C. 子囊孢子

图片来源：Song Bin, et al., 2004. Mycotaxon，90：31

子囊菌门 Ascomycota

星盾壳科 Asterinaceae

003 栝楼星盾炱

***Asterina trichosanthis* B. Song & Y. S. Ouyang** Mycosystema，22（1）：14，2003

形态特征｜菌落生于叶表面，黑色，纤细，蛛网状至近丝绒状，圆盘状至不规则形状，直径达2.4毫米。菌丝褐色，几乎都是直的，在锐角或钝角处反向分枝，排列疏松，近网状，细胞大多数22～35微米×3～4.5微米。附着枝两室，交替或单侧排列，散生，近直立，长10～13微米；茎细胞圆柱形至楔形，长1.5～5微米；顶端细胞圆柱形至椭圆形或圆形，具1裂或2裂，7.5～10微米×5～7微米。盾状囊壳散生至稀疏聚生，黑色，近球形或半球形，直径可达120微米，中心有星状开裂孔，边缘不规则圆齿状或短流苏状，流苏状菌丝细胞粗2.5～3.5微米。子囊孢子长方形，褐色，单隔膜，一端呈圆形，在隔膜处缢缩，表面具小刺，19～25微米×9～12微米。分生孢子器散生，半球形，边缘圆齿状至花带状，在中心星状开裂，直径可达60微米。器孢子单胞，卵球形，褐色或透明，13～15.8微米×7.9～9.4微米。

生　　境｜寄生在葫芦科（Cucurbitaceae）植物芎叶栝楼（*Trichosanthes homophylla* Hayata）的叶上。

模式标本｜标本号HMIGD 34166；胡炎兴1982年7月19日采于鼎湖山；保存于广东省科学院微生物研究所真菌标本馆（GDGM）。

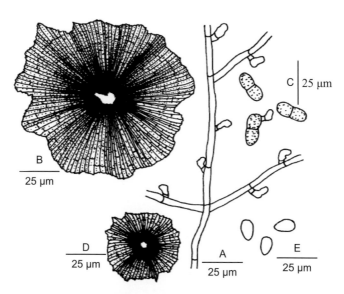

A. 有附着胞的菌丝；B. 盾状囊壳；C. 子囊孢子；D. 分生孢子器；E. 器孢子

图片来源：Song Bin, et al., 2003. Mycosystema, 22（1）：15

子囊菌门 Ascomycota　　　　　　星盾壳科 Asterinaceae

004 紫玉盘星盾炱

Asterina uvariae-microcarpae B. Song, T. H. Li & J. Q. Liang Mycosystema，21（1）：15，2002

形态特征｜菌落生于叶表面，纤细，黑色，蛛网状至近丝绒状，圆盘状至不规则形状，直径3～4毫米，几乎融合在一起。菌丝褐色，弯曲度几乎接近直线，在锐角或钝角处不规则交互或反向分枝，排列疏松至接近网状，细胞大多数15～38微米×3.2～5.5微米。附着枝两室，交替或单侧排列，散生，向上，长8.5～12微米；茎细胞圆柱形至楔形，长2.5～5微米；顶端细胞接近卵形至长方形或圆形，具1裂或2裂，6～8微米×5～7.5微米。盾状囊壳散生至罕见聚生，黑色，球形至半球形，发育完全时在中心呈星状开裂，边缘不规则圆齿状或短流苏状，直径90～140微米，表层细胞向周围扩展，直径2～3微米，褐色。子囊孢子卵状椭圆形，褐色，1个隔膜，钝形，隔膜处明显缢缩，细胞近等大，17～20微米×7.5～8.5微米。分生孢子器少，散生，接近半球形，黑色，直径达100微米，在中心星状开裂，边缘圆齿状。器孢子单胞，卵球形，褐色，在正中央有1个透明区，12～16微米×7.5～9微米。

生　　境｜生在番荔枝科（Annonaceae）植物紫玉盘（*Uvaria macrophylla* Roxb.）的叶上。

模式标本｜标本号HMIGD 34100；胡炎兴1982年7月20日采于鼎湖山；保存于广东省科学院微生物研究所真菌标本馆（GDGM）。

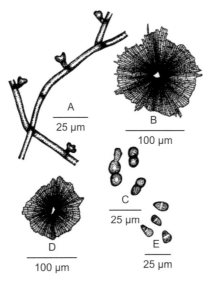

A. 菌丝体；B. 盾状囊壳；C. 子囊孢子；D. 分生孢子器；E. 器孢子

图片来源：Song Bin，et al.，2002. Mycosystema，21（1）：16

子囊菌门 Ascomycota　　　　　　　星盾壳科 Asterinaceae

005 山指甲毛星盾壳

***Trichasterina desmotis* B. Song, T. H. Li & A. L. Zhang** Mycosystema，21（3）：309，2002

　　形态特征｜菌落围绕叶子生长，纤细，黑色，蛛网状或近丝绒状，散生，圆盘状或不规则形状，直径1～3毫米，几乎融合在一起。菌丝褐色，近笔直或弧形，在锐角或钝角处不规则轮流分枝或极少反向分枝，疏松网状，细胞大多数27～40微米×4.5～6微米。附着枝单胞，交替或单侧排列，1%对生，散生，向上，近棍棒状或长方形，正圆形或近圆形，10～15微米×6～7.5微米。菌丝体和盾状囊壳有少许刚毛，无分叉，直立，顶端钝形，长达120微米，基部粗5～6.3微米。盾状囊壳散生或近聚生，黑色，球形或半球形，发育完全时在中心以大孔开裂或近星状孔开裂，边缘不规则圆齿状或短流苏状，直径90～150微米，表层细胞向周围扩展，直径2～3.5微米，褐色。子囊孢子长方形或近长方形，褐色，顶端钝形或微尖，1个隔膜，在隔膜处轻微或深度缢缩，胞壁具小刺，27.5～28微米×10～14.5微米。

　　生　境｜寄生在番荔枝科植物假鹰爪（*Desmos chinensis* Lour.）的叶上。

　　模式标本｜标本号HMIGD 34101；胡炎兴1982年7月20日采于鼎湖山；保存于广东省科学院微生物研究所真菌标本馆（GDGM）。

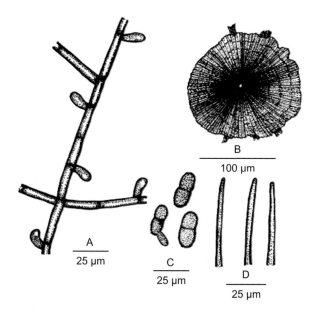

A. 有附着胞的菌丝；B. 盾状囊壳；C. 子囊孢子；D. 刚毛

图片来源：Song Bin, et al., 2002. Mycosystema, 21（3）：310

子囊菌门 Ascomycota　　　　　　　球腔菌科 Mycosphaerellaceae

006 木菠萝钉孢

***Passalora artocarpi* Y. L. Guo** 菌物系统，21（3）：305，2002

形态特征｜斑点现于叶的正背两面，点状、近圆形、角形至不规则形，无明显边缘，受叶脉所限，宽1～5毫米，常多斑愈合；叶面斑点红褐色、灰褐色至暗红褐色，具浅黄褐色晕；叶背斑点褐色至暗褐色，具黄褐色至浅红褐色晕。子实体生于叶背面。无子座。分生孢子梗单根或2～6根从气孔伸出，青黄色至浅青黄褐色，向顶色泽变浅，宽度不规则，有时基部较宽，直立或稍弯曲，不分枝或偶具分枝，近顶部稍呈屈膝状，顶部圆形至圆锥形，0～2个隔膜，不明显，6.5～45微米×3～5微米。孢痕疤小而明显，稍加厚，坐落在圆形至圆锥形顶部或平贴在分生孢子梗壁上，宽1～1.7微米。分生孢子倒棍棒形、倒棍棒形至圆柱形，浅青黄色，直立或稍弯曲，顶部圆至钝，基部倒圆锥形平截，0～3个隔膜，12～45微米×2.3～3.5微米。

生　　境｜寄生在桑科（Moraceae）植物波罗蜜（*Artocarpus heterophyllus* Lam.）的叶上。

模式标本｜标本号 HMAS 81427（No. 157）；郭英兰和刘锡琎1981年10月28日采于鼎湖山；保存于中国科学院微生物研究所菌物标本馆（HMAS）。

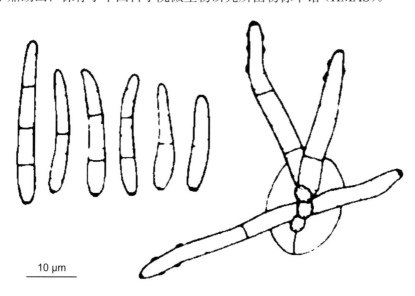

10 μm

分生孢子和分生孢子梗

图片来源：郭英兰，2002. 菌物系统，21（3）：305

子囊菌门 Ascomycota　　　　　　　　球腔菌科 Mycosphaerellaceae

007 杨桐假尾孢

Pseudocercospora adinandrae **Y. L. Guo & X. J. Liu** 真菌学报，11（2）：126，1992

形态特征｜斑点生于叶的正背两面，角形至不规则形，直径1～6毫米，常多斑愈合，初期仅为褐色小点，后期叶面斑点褐色至中度暗褐色，叶背斑点褐色至深灰褐色。子实体叶两面生，但多生于叶面。菌丝体内生和表生：内生菌丝浅灰褐色，分枝，具隔膜，宽2～3微米；表生菌丝多生于叶背面，由气孔下的内生菌丝发生并从气孔伸出，或从分生孢子梗顶端直接萌发产生，浅青黄色，分枝，具隔膜，宽1.5～2微米。子座球形，褐色至暗褐色，直径22～65微米，有时仅由少数褐色球形细胞所组成。分生孢子梗3～10根至多根紧密簇生于子座上或单生于表生菌丝上，青黄色至青黄褐色，顶部色泽较浅，宽度不规则，分枝，直立或弯曲，有时具齿突，顶部钝圆至圆锥形，2～8个隔膜，15～97微米×4～5微米。分生孢子圆柱形至倒棍棒形或圆柱形，青黄色，直立至中度弯曲，顶部钝，基部倒圆锥形平截至平截，3～15个隔膜，39～130微米×3～5微米。

生　　境｜寄生于山茶科杨桐属植物（*Adinandra* sp.）的叶面上。

模式标本｜标本号HMAS 58984；郭英兰和刘锡琎1981年10月20日采于鼎湖山；保存于中国科学院微生物研究所菌物标本馆（HMAS）。

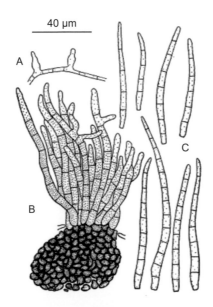

A. 内生菌丝；B. 生于球形梗座的分生孢子梗；C. 分生孢子
图片来源：郭英兰，等，1992. 真菌学报，11（2）：127

子囊菌门 Ascomycota　　　球腔菌科 Mycosphaerellaceae

008 仙茅假尾孢

Pseudocercospora curculiginis Y. L. Guo & X. J. Liu Mycostema，5：101，1992

形态特征 | 叶斑双面生，椭圆形至长椭圆形，0.5～10微米×0.3～10毫米，浅灰色至浅棕色，边缘浅暗灰色，上部为黄棕色至浅灰棕色的晕圈，下部为灰色至浅灰褐色。子实体双侧叶面丛生。菌丝体内生。子座无或小，直径10～30微米，球状，灰棕色。分生孢子梗束状，2～15根，从内部菌丝细胞或子座伸出，通过气孔，直立至弯曲，近圆柱形至略膝状弯曲，大多数不分枝，6.5～96.5微米×3～4.5微米，1～7个隔膜，灰色至中度橄榄棕色，壁薄，光滑。产孢细胞具完整的、顶生和插入的、不明显的着生位点，不增厚，不暗。分生孢子单生，尖形至略倒棍棒形，40～120微米×3～4微米，4～12个隔膜，橄榄绿色，壁薄，光滑，顶端钝，基部平截或偶尔略倒圆锥形平截，脐不增厚，不暗。

生　　境 | 生于仙茅科（Hypoxidaceae）植物大叶仙茅［*Curculigo capitulata* (Lour.) O. Kuntze］的叶片上。

模式标本 | 标本号HMAS 62713；郭英兰和刘锡琎1981年10月21日采于鼎湖山；保存于中国科学院微生物研究所菌物标本馆（HMAS）。

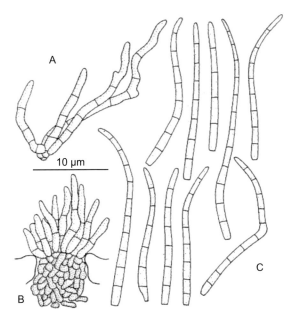

A. 分生孢子梗束；B. 生于球形梗座的分生孢子；C. 分生孢子

图片来源：Guo Yinglan，et al.，1992. Mycostema，5：102

子囊菌门 Ascomycota　　　　　　畸球腔菌科 Teratosphaeriaceae

009 鱼尾葵疣丝孢

***Stenella caryotae* X. J. Liu & Y. Z. Liao** 微生物学报，20（2）：119，1980

形态特征｜叶斑现于叶的正背两面，近圆形至长椭圆形，黑褐色至暗黑色，外有浅黄色晕圈或围以隆起黄色细线，近圆形斑直径1～7毫米，长椭圆形斑长5～16毫米，宽2～9毫米。子实体叶两面生，但多生于叶背。菌丝体内生和外生，外生菌丝有微疣。梗座着生于气孔表面，暗褐色，半圆形，宽25.3～55.6微米。分生孢子梗2～20根，丛生，深褐色至暗褐色，色泽均匀，宽度规则，正直至弯曲，0～4个折点，不分枝，有时层出套生，顶部近平截或孢痕疤密集于其附近而膨大呈不规则形，或者顶下膨大，其上密集痕达18个，横隔2～12个，43～290.4微米×2.8～6.3微米。产孢细胞不外露或稍外露，多点芽苗在顶部及其附近产孢，或合轴产孢，圆柱形，有孢痕疤；孢痕疤有时特厚并突出，明显，平贴于分生孢子梗侧或坐落于折点处。分生孢子干燥，青褐色，具微疣，针形至倒棍棒形，正直至稍曲，单生，顶部近尖细至近钝圆，基部平截，仅基部有脐，厚而明显，1～20个横隔，30.3～290.4微米×5～7.5微米。

生　　境｜寄生于棕榈科（Palmae）植物短穗鱼尾葵（*Caryota mitis* Lour.）上。

模式标本｜标本号 HMAS 10262；胡复眉、郑儒永、邢延苏和于积厚1958年9月7日采于鼎湖山；保存于中国科学院微生物研究所菌物标本馆（HMAS）。

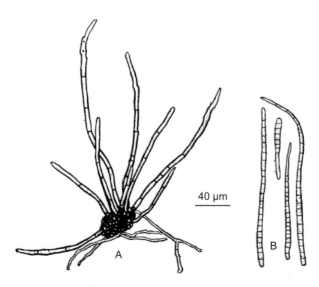

A. 梗座和分生孢子梗；B. 分生孢子

图片来源：刘锡琎，等，1980. 微生物学报，20（2）：120

子囊菌门 Ascomycota | **黑球腔菌科** Melanommataceae

010 鼎湖黑球腔菌

Melanomma dinghuense **Inderbitzin** Mycoscience，42：187，2001

形态特征 | 子囊座直径250～300微米，球形，皮质，乳头状突起，子座组织通过2～25个聚集体陷入子囊座。基质细胞有角形构造，苍白红褐色，腔壁薄，附有0.5～1毫米的圆形小孔。拟侧丝厚0.5～2微米，具隔膜，有分枝。子囊50～78微米×8～15微米，双囊壁，棍棒状，具短柄。子囊孢子10～17微米×3～6微米，椭圆形，苍白红褐色或橄榄绿色，具3个隔膜，略弯曲，纵向有条纹。

生　　境 | 生于季风常绿阔叶林中双子叶植物枝条的表皮。

模式标本 | 标本号UBC F13996；Abdel-Wahab MA 和 Inderbitzin P. 1998年10月采于鼎湖山；保存于加拿大哥伦比亚大学。

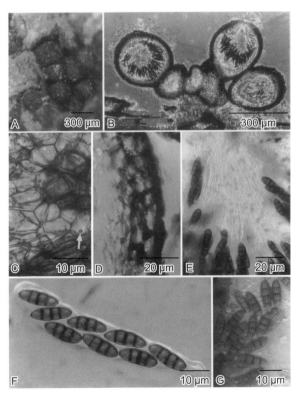

A. 子囊座1个聚合体迸出表皮；B. 子囊座固定在子囊基上的垂直部分；C. 子囊组织的细节，注意蒙克孔状小孔贯穿部分细胞壁（箭头）；D. 子囊座壁的垂直部分，外层壁包有不规则黑色硬壳；E. 有线状拟侧丝的中心腔；F. 光段下附有子囊孢子的子囊；G. 子囊孢子外观

图片来源：Inderbitzin Patrik, et al., 2001. Mycoscience，42：188

子囊菌门 Ascomycota　　　　　　　　毛筒壳科 Tubeufiaceae

011 合轴新旋卷孢

Neohelicosporium sympodiophorum（G. Z. Zhao, X. Z. Liu & W. P. Wu）Y. Z. Lu & K. D. Hyde

Fungal diversity，92：246，2018

≡ ***Helicosporium sympodiophorum*** G. Z. Zhao, X. Z. Liu & W. P. Wu　Fungal diversity，26（2）：375，2007

形态特征｜菌落疏展，绒状，白色。菌丝体多数盖于表面，少数深陷，有分叉，有隔膜，由近透明至浅棕色菌丝组成，宽3.5～5微米，光滑。分生孢子巨线状，单线状，单生，直立或略弯曲，光滑，极少分叉，有隔膜，长至250微米，最宽处4.5～6.5微米，顶部收窄。产孢细胞合轴，单芽或多芽，柱状或锥状，顶端平截，宽1.5～3微米。分生孢子全芽，顶生，单生，干，基部平截，光滑，浅棕色，紧密螺旋3.5～4圈，直径27～36微米。分生孢子丝厚2.5～4.5微米，吸湿，30～45个隔膜。

生　　　境｜生于阔叶树的腐木上。

模式标本｜标本号WU1858a；吴文平1998年10月9日采于鼎湖山；保存于中国科学院微生物研究所菌物标本馆（HMAS）。

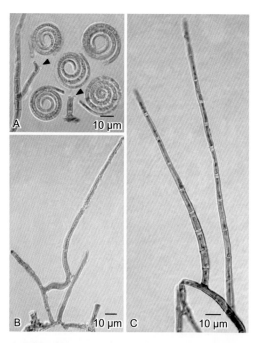

A. 合轴的分生孢子梗（箭头所指）和分生孢子；B，C. 侧向生长的匍匐菌丝

图片来源：Zhao Guozhu, et al.，2007. Fungal diversity，26（2）：376

子囊菌门 Ascomycota　　　　　　大团囊菌科 Elaphomycetaceae

012 网孢大团囊菌

***Elaphomyces reticulosporus* B. C. Zhang** Mycological research，95（8）：984，1991

　　形态特征｜子囊座球形或球形至扁平形，黑色，表面光滑，外被白色至黄棕色菌丝和菌丝束与外生菌根混合形成的硬壳，硬壳很容易与子囊座分离。孢囊被2层，厚700～800微米；外层厚60～100微米，黑色，轻微碳化，由薄壁菌丝组成，形成细胞壁合生、不具丝间空隙、紧密编组排列不规则的表皮状菌丝组织；内层厚600～740微米，近透明至微黄色，所附菌丝膨胀、直径5～25微米、壁薄，并松散交织在一起，形成细胞壁不合生、具有明显的丝间空隙、相互交织的不规则排列的菌丝组织。产孢组织是粉末状孢子团，橄榄绿。未见子囊。子囊孢子球形，在水中和乳酚中呈微绿色，在5%氢氧化钾溶液和Melzer（梅尔泽）试剂中呈深橄榄绿色，直径17～22微米，子囊孢子有突起，突起连接成深2～3微米的不规则网状，网纹脊顶有许多微孔，网纹通过突起的顶部联结，底部分离，间隙中有胶状积淀物，在扫描电子显微镜下空隙中见少量单个的突起。

　　生　　境｜生于混交林中壳斗科（Fagaceae）植物锥栗［*Castanopsis chinensis*（Spreng.）Hance］、桃金娘科（Myrtaceae）植物桉（*Eucalyptus robusta* Sm.）和橄榄科（Burseraceae）植物橄榄［*Canarium album*（Lour.）DC.］的地下。可能与相关树木形成外生菌根有关。

　　模式标本｜标本号HMAS 60263（B. C. Zhang 552）；张斌成1988年10月10日采于鼎湖山；保存于中国科学院微生物研究所菌物标本馆（HMAS）。

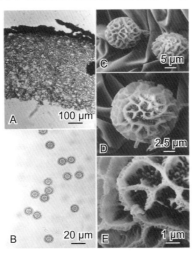

A. 孢囊被截面；B. 光学显微镜下的子囊孢子；C～E. 电镜下的子囊孢子突起

图片来源：Zhang Bincheng，et al.，1991. Mycological research，95（8）：983

子囊菌门 Ascomycota　　　　　　　　　　　柔膜菌科 Helotiaceae

013 蕨生小双孢盘菌

Bisporella pteridicola **F. Ren & W. Y. Zhuang** Mycosystema，36（4）：408，2017

形态特征 │ 子囊盘盘状至扁平状，无柄，直径0.1～0.9毫米。子实层表面米色，新鲜时米黄色至黄色，干时嫩黄色，囊托表面同色或略浅，近光滑。外囊盘被组织角形，厚18～46微米，凝胶状，细胞轴与外表面呈小角度，部分最外层细胞从外表层轻微突出，细胞透明，宽2～6微米。髓质组织交错复杂，非胶状，厚27～45微米，菌丝透明，宽2.5～4微米。子实下层厚9～12微米。子实层厚45～55微米。子囊从蕨类植物幼苗的卷芽上长出，棍棒状，向底部逐渐变细，8个孢子，在Melzer试剂中呈"J"形，36～46微米×5～6.5微米。子囊孢子近椭圆形至近球形，透明，光滑，单胞，有2条沟，7～9微米×2～3.5微米，双列。侧丝纤维状，宽1.2～1.5微米。

生　　　境 │ 生长在蕨类植物的叶轴上。

模式标本 │ 标本号HMAS 271269；庄文颖和陈双林1998年10月10日采于鼎湖山（海拔150米）；保存于中国科学院微生物研究所菌物标本馆（HMAS）。

A. 蕨类植物表面干的子囊盘；B. 重新弄湿的子囊盘

图片来源：Zhuang Wenying, et al., 2017. Mycosystema, 36（4）：408

子囊菌门 Ascomycota　　　　　　芽孢盘菌科 Tympanidaceae

014 木荷芽孢盘菌

***Tympanis schimis* R. Q. Song & C. T. Xiang** 植物研究，17（2）：144，1997

形态特征 | 子囊盘自树皮突出，聚集，散生或簇生，无柄，基部渐狭似有柄，圆形，直径0.3～0.6毫米，高0.3～0.8毫米，黑色无毛，或有时具灰白粉被，角质，遇湿变软。子实层凹至平，暗，比囊盘被新鲜。子囊圆筒形，顶部钝，开始8个子囊孢子，后变为多个小孢子，20～40微米×4～12微米。初生子囊孢子无色，单胞，宽椭圆形至近球形，单列，3～5微米×3～5微米；次生子囊孢子无色，单胞，圆筒形至腊肠形，2～3微米×1～1.5微米。侧丝无色，线形，具隔膜，顶端分枝或不分枝，膨大，埋生于褐色胶质物中形成囊层被。在马铃薯葡萄糖琼脂培养基上，菌落白色，疏密不均，边缘规则，气生菌丝多；在麦芽汁琼脂培养基上，菌落生长迅速，边缘不规则；在Waksman琼脂培养基上，菌落呈明显波纹状生长；在察氏琼脂培养基上，菌落生长缓慢。

生　　境 | 生于山茶科（Theaceae）植物木荷（*Schima superba* Gardn. & Champ.）的活立木树皮上。

模式标本 | 标本号HNEFU 8611161；宋瑞清1986年11月16日采于鼎湖山；保存于东北林业大学菌类标本室。

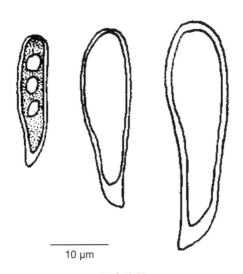

10 μm

子囊孢子

图片来源：宋瑞清，等，1997. 植物研究，17（2）：145

子囊菌门 Ascomycota　　　　　　　　　群果壳科 Conlariaceae

015 二列孢群果壳

***Conlarium dupliciascosporum* F. Liu & L. Cai** Mycologia，104（5）：1180，2012

形态特征│子囊座具子囊壳，生于基质表面或部分陷入，皮质，深褐色至黑色，聚生，光滑，球形至近球形，直径200～250微米，高175～250微米，具圆柱形颈部，正直或微曲，长125～175微米，宽50～75微米。孢囊被由几层不具胞间空隙的短而多面型细胞构成，通常外层比内层颜色深，厚15.5～28.5微米。侧丝宽4微米，透明，分枝，有隔膜，未嵌入细胞间质内。子囊生有8个孢子，单囊壁，短梗，圆柱形，126～151.5微米×11～14微米，具有1双向顶生的圆圈，宽5微米，高4微米。子囊孢子两列，纺锤状，正直或船形，0～5个隔膜，透明，有滴状斑点，29～32微米×5～7微米，在孢子一端或两端有或无球形或乳突状附属物。培养2个月后，菌落直径达8毫米，深褐色至黑色，表面平，光滑。分生孢子梗18.5～34微米×2～5.4微米，细丝状或半粗丝状，单丝，具隔膜或无隔膜，无分枝或无规则分枝，正直或弯曲，透明，随年龄增加而变成褐色。产孢细胞数目有限，筒状，圆柱形，5～10微米×3～6微米。分生孢子褐色，壁砖状，不规则球形或近球形，在隔膜处收缩，15.5～35微米×11～26.5微米。未见厚壁孢子。

生　　境│生于小溪水中木头上。

模式标本│标本号HMAS 243129（CGMCG 3.14938）；刘芳2010年12月29日采于鼎湖山；保存于中国科学院微生物研究所菌物标本馆（HMAS）。

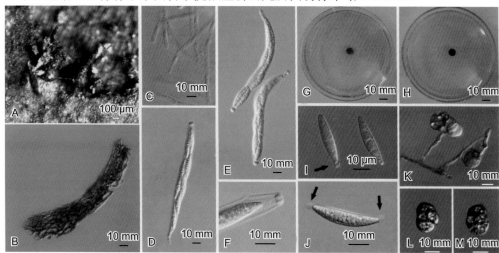

A. 子囊果；B. 包被；C. 侧丝；D，E，F. 子囊；G，H. 培养菌落的正面和反面；I，J. 子囊孢子；
K. 分生孢子；L，M. 成熟的分生孢子

图片来源：Liu Fang, et al., 2012. Mycologia, 104（5）：1182

子囊菌门 Ascomycota　　　　　刺球壳科 Chaetosphaeriaceae

016 中华鞋形小孢菌

***Calceisporiella sinensis* W. P. Wu & Y. Z. Diao** Fungal diversity，116：103，2022

形态特征 | 菌落外延，有毛，深棕色。菌丝薄，部分侵入基质，浅棕色至棕色，分枝，有隔。有性型未知。无性型：分生孢子梗200～300微米×4.5～5.5微米，巨线状，单生，直立，直或稍弯曲，圆柱形，深棕色，7～12个隔，光滑，壁厚，穿过囊领在顶部增殖。产分生孢子细胞23～30微米×4～5微米，完整，顶生，圆柱形，浅棕色至棕色，疣状，顶端具一个狭窄的产孢座，没有囊领或有一小囊领。分生孢子15～17微米×11.5～12.5微米，全裂，顶生，单生，近球形，椭圆体，无隔，透明，光滑，每端有一个刚毛状囊状体插入，长8～10微米。培养特征：马铃薯葡萄糖琼脂培养基上菌落外延，20天内直径1.5～2.5厘米，圆形，平整，边缘全缘。气生菌丝发育不良，灰色至灰棕色，边缘淡色，反面同色或稍深。

生　　境 | 阔叶树枯枝上。

模式标本 | 标本号HMAS 351966（=Wu1900a）；吴文平1998年10月9日采于鼎湖山；保存于中国科学院微生物研究所菌物标本馆（HMAS）。

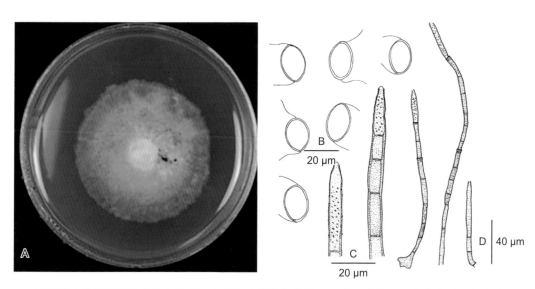

A. 马铃薯葡萄糖琼脂培养基上培养的中华鞋形小孢菌菌落；B. 分生孢子；C. 分生孢子梗和产分生孢子细胞；D. 分生孢子梗

图片来源：Wu Wenping, et al., 2022. Fungal diversity，116：79, 102

子囊菌门 Ascomycota

刺球壳科 Chaetosphaeriaceae

017 鼎湖山孢子菌

Codinaea dinghushanensis **W. P. Wu & Y. Z. Diao** Fungal diversity，116：113，2022

形态特征 │ 菌落外延，有毛，深棕色。由宽2～5微米的棕色菌丝组成，分枝，有隔。有性型未知。无性型：刚毛直生，多为单毛，直立，直或弯曲，柱状，光滑，壁厚，长150～200微米，宽5～6.5微米，顶端逐渐变细，可达10个分隔，深棕色，顶端色变浅，末端有可育的产分生孢子细胞。分生孢子梗4～8个成簇，形成于由不规则的、深棕色、厚壁细胞组成的子座，中间有一长刚毛。分生孢子梗50～80微米×2.5～4微米，巨线状，单生，成簇，直立，直或稍弯曲，基部棕色，顶端色变浅，柱状至棒状，3～5个隔，壁厚，稍疣状。产分生孢子细胞30～50微米×3～4微米，完整，基部生，单瓶梗或多瓶梗，柱状至棒状，淡棕色，壁薄，囊领漏斗状，宽2～3微米，深1.5～2微米。分生孢子11～13微米×2～2.5微米，全裂，顶生，单生，在产分生孢子细胞顶端周围形成小滴，钩状，弯曲，无隔，透明，光滑，顶端尖形至圆形，基部稍截短至圆形，两端有一刚毛，长4～6微米。培养特征：菌落在马铃薯葡萄糖琼脂培养基上，20天内菌落直径1～1.5厘米，圆形，平整，边缘全缘，气生菌丝发育良好，灰色至棕色，边缘淡色，反面棕色至深棕色。

生　　境 │ 菝葜属的枯树叶上。

模式标本 │ 标本号HMAS 351980（=Wu12155）；吴文平2012年3月5日采于鼎湖山；保存于中国科学院微生物研究所菌物标本馆（HMAS）。

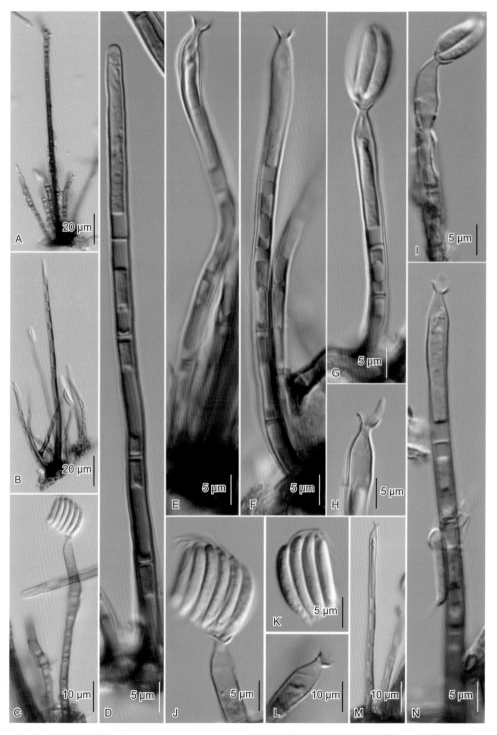

A，B. 分生孢子梗；C，E，F，H，I，L～N. 分生孢子梗和产分生孢子细胞；D. 不育刚毛；
G，K. 产分生孢子细胞；J. 分生孢子

图片来源：Wu Wenping，et al.，2022. Fungal diversity，116：114

子囊菌门 Ascomycota	刺球壳科 Chaetosphaeriaceae

018 极小孢子菌

***Codinaea minima* W. P. Wu & Y. Z. Diao** Fungal diversity，116：127，2022

形态特征｜菌落外延，有毛，深棕色。由宽2.5～4微米的棕色菌丝组成，分枝，有隔。有性型未知。无性型：刚毛直生，多为单毛，直立，直或弯曲，柱状，光滑，壁厚，长可达200微米，隆起的基部宽3～4微米，6～8个隔，下部深棕色，顶端锐尖，不育。分生孢子梗30～60微米×2～3微米，巨线状，单生，密，3个环绕于刚毛基部，直立，直或稍弯曲，基部棕色，顶端色变浅，2～4个隔，壁薄，光滑。产分生孢子细胞10～20微米×2.5～3.5微米，完整，基部生，单瓶梗或多瓶梗，柱状，淡棕色，壁薄，囊领漏斗状，宽1.5～2微米，深1～1.5微米。分生孢子6～8微米×1.5～2微米，全裂，顶生，单生，在产分生孢子细胞顶端周围形成小滴，钩状，微弯曲，无隔，透明，光滑，两端锐尖，两端有一刚毛，长5～7微米。

生　　境｜芦荻或竹子的枯茎上。

模式标本｜标本号HMAS 351984（=Wu1942b）；吴文平1998年10月10日采于鼎湖山；保存于中国科学院微生物研究所菌物标本馆（HMAS）。

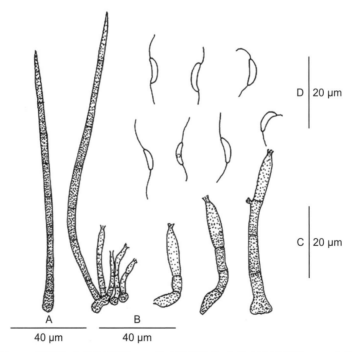

A. 刚毛；B. 刚毛和分生孢子梗；C. 分生孢子梗和产分生孢子细胞；D. 分生孢子
图片来源：Wu Wenping，et al.，2022. Fungal diversity，116：109

子囊菌门 Ascomycota　　　　　　　刺球壳科 Chaetosphaeriaceae

019 三刚毛孢子菌

***Codinaea trisetula* W. P. Wu & Y. Z. Diao** Fungal diversity，116：138，2022

形态特征｜菌落外延，有毛，深棕色。由宽3～5微米的棕色菌丝组成，分枝，有隔。有性型未知。无性型：分生孢子梗200～300微米×6～8微米，巨线状，单生，散生或聚生，直立，直或稍弯曲，基部深棕色，顶端色变浅，7～10个隔，光滑，基部隆起宽至10微米，顶部激增。产分生孢子细胞15～20微米×6～7微米，完整，基部生或中间生，多瓶梗，柱状，淡棕色，壁薄，囊领漏斗状，宽2～3微米，深2～2.5微米。分生孢子13～15微米×8～10微米，全裂，顶生，单生，在产分生孢子细胞顶端周围形成小滴，椭圆状，顶端乳突状，微弯曲，基部钝或平截，无隔，透明，光滑，顶端具一刚毛，2～3个刚毛位于分生孢子中部，长5～10微米。培养特征：在马铃薯葡萄糖琼脂培养基上，菌落外延，20天内菌落直径0.5～1.5厘米，圆形，平整，边缘全缘，气生菌丝发育良好，灰色至棕色，边缘淡色，反面同色或深色。

生　　　境｜腐生于阔叶树枯枝上。

模式标本｜标本号HMAS 351990（=Wu1930c）；吴文平1998年10月10日采于鼎湖山；保存于中国科学院微生物研究所菌物标本馆（HMAS）。

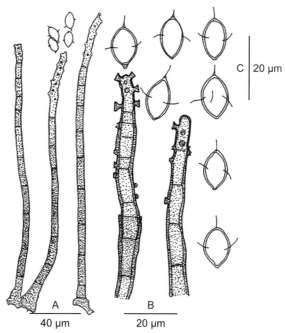

A. 分生孢子梗、分生孢子产孢细胞和分生孢子；B. 分生孢子梗和分生孢子产孢细胞；C. 分生孢子
图片来源：Wu Wenping，et al.，2022．Fungal diversity，116：131

| 子囊菌门 Ascomycota | 刺球壳科 Chaetosphaeriaceae |

020 刺杯毛长梗串孢霉

Menisporopsis dinemasporioides **W. P. Wu & Y. Z. Diao** Fungal diversity，116：380，2022

形态特征 | 菌落叶背生，外延，厚。由浅棕色菌丝组成，有隔。有性型未知。无性型：产分生孢子束丝，单生，直立，直或弯曲，杯形，有一基部子座和一杯状产孢结构，似囊盘被，1～2刚毛中生，基部子座直径40～50微米。每个生分生孢子体1～2个刚毛，柱状，直生，不分枝，深棕色至浅黑色，顶端色变浅，分隔，光滑，壁厚，220～285微米×4～5.5微米，顶部圆，直径2～2.5微米。分生孢子梗紧压束丝。束丝深棕色至黑色，长150～180微米，宽40～60微米；下部浅黑色，高40～50微米；上部松散，似囊盘被，高80～110微米。分生孢子梗柱状，直立，直或弯曲，不分枝或分枝，浅色至棕色，分隔，光滑，壁薄，60～100微米×2～3微米，与产分生孢子细胞连接。产分生孢子细胞单瓶梗，完整，基部生，柱状，烧瓶形，直立，壁薄，长15～20微米，宽2～3.5微米，平周明显厚，囊领不明显。分生孢子全裂，聚合白色黏滑头部，围绕于产分生孢子细胞附近，透明，无隔，光滑，壁薄，钩状，纺锤状，弯曲，19～22微米×3.5～4.2微米，两端圆，每侧附着一刚毛，长5～8微米。培养特征：在马铃薯葡萄糖琼脂培养基上，菌落外延，20天内菌落直径1～1.2厘米，圆形，平整，边缘全缘，气生菌丝发育良好，灰色至黄棕色，边缘淡色，反面黄棕色，中央深棕色。

生　　境 | 腐生于枯叶上。

模式标本 | 标本号HMAS 352020（=Wu12102）；吴文平2012年3月3日采于鼎湖山；保存于中国科学院微生物研究所菌物标本馆（HMAS）。

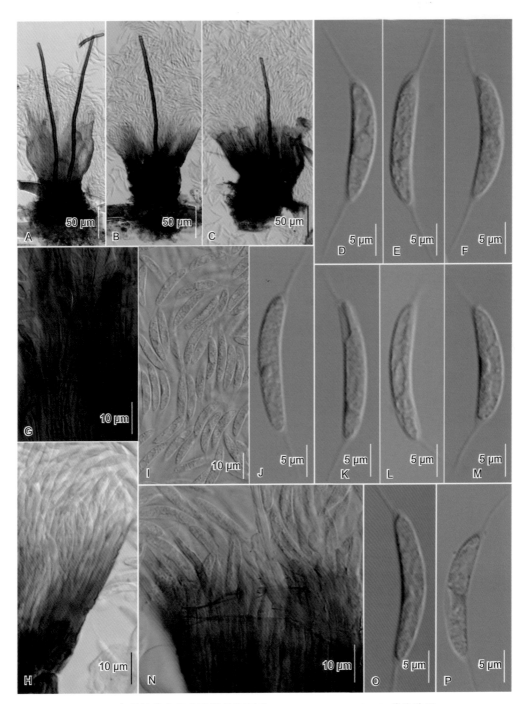

A~C. 束丝状的生分生孢子体和刚毛；D~F，I~M，O，P. 分生孢子；
G，H，N. 囊盘被和分生孢子梗

图片来源：Wu Wenping, et al., 2022. Fungal Diversity, 116：381

子囊菌门 Ascomycota　　　　　　　刺球壳科 Chaetosphaeriaceae

021 微籽新泰诺球菌

***Neotainosphaeria microsperma* W. P. Wu & Y. Z. Diao** Fungal diversity，116：181，2022

　　形态特征｜菌落外延，有毛，深棕色。由浅棕色至棕色、分枝、有隔的菌丝组成。有性型未知。无性型：分生孢子梗200～500微米×7～8微米，巨线状，单生，散生或聚生，直立，直或稍弯曲，深棕色至红棕色，4～6个隔，下部壁光滑，上部渐疣状，带有不规则条纹，壁厚，基部隆起至15微米宽。末端连于产分生孢子细胞，通过囊领延伸至顶端。产分生孢子细胞25～32微米×6～8微米，完整，单瓶梗，柱状，深棕色，顶端浅棕色，壁厚，粗糙，带一产孢位点宽2微米，囊领不清晰。分生孢子直径11～13微米，全裂，顶生，单生，球状至近球状，透明，壁厚，粗糙，带2～3个长5微米纤细的附属物，叠加于产分生孢子细胞的顶部。

　　生　　　境｜腐生于枯树上。

　　模式标本｜标本号HMAS 352030（=Wu1928a）；吴文平1998年10月9日采于鼎湖山；保存于中国科学院微生物研究所菌物标本馆（HMAS）。

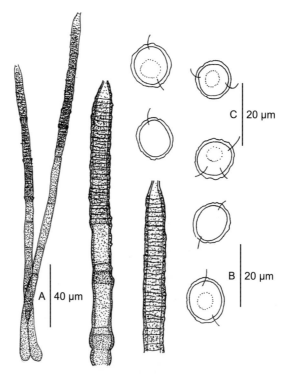

A. 分生孢子梗；B. 分生孢子梗上部；C. 分生孢子

图片来源：Wu Wenping, et al., 2022. Fungal diversity，116：180

子囊菌门 Ascomycota　　　　　　　　　刺球壳科 Chaetosphaeriaceae

022 安森州拟长梗串孢霉

Nimesporella aunstrupii **W. P. Wu & Y. Z. Diao** Fungal diversity，116：184，2022

　　形态特征｜菌落外延，有毛，深棕色。由宽3～5微米的棕色菌丝组成，分枝，有隔。有性型未知。无性型：分生孢子梗60～85微米×3～4.5微米，巨线状，单生，散生或聚生，直立，直或稍弯曲，基部深棕色，顶端色变浅，3～4个隔，壁厚，有疣，基部隆起宽10～13微米。产分生孢子细胞30～38微米×3.5～4微米，完整，基部生，多瓶梗，柱状，淡棕色至棕色，壁薄。囊领宽2～2.5微米，深1.5～2微米，漏斗状或齿状，易破裂。分生孢子13～15微米×4.5～5.5微米，全裂，顶生，单生，在产分生孢子细胞顶端周围形成小滴，宽纺锤状，椭圆状，直或微微弯曲，无隔，透明至浅棕色，光滑，顶端尖或钝，每侧有一刚毛，长6～9微米。培养特征：在马铃薯葡萄糖琼脂培养基上，菌落外延，20天内菌落直径1～1.5厘米，圆形，平整，边缘全缘，气生菌丝发育良好，灰色至棕色，边缘淡色，反面棕色至深棕色。

　　生　　　境｜腐生于枯叶上。

　　模式标本｜标本号HMAS 352032（=Wu12202a）；吴文平2012年3月3日采于鼎湖山；保存于中国科学院微生物研究所菌物标本馆（HMAS）。

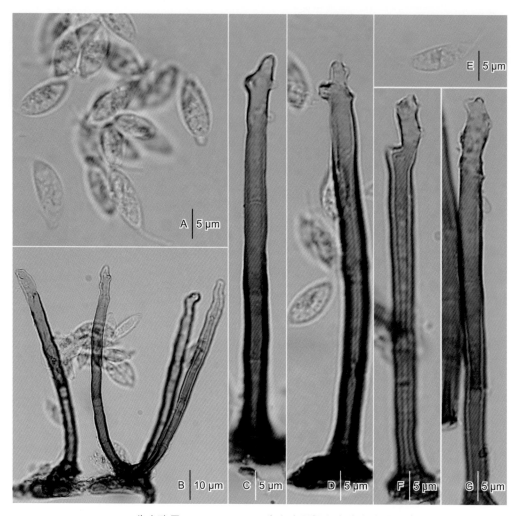

A，E. 分生孢子；B～D，F，G. 分生孢子梗和产分生孢子细胞

图片来源：Wu Wenping，et al.，2022. Fungal diversity，116：183

子囊菌门 Ascomycota	刺球壳科 Chaetosphaeriaceae

023 无毛拟顶囊壳菌

***Paragaeumannomyces asetulus* W. P. Wu & Y. Z. Diao** Fungal diversity，116：287，2022

形态特征｜菌落外延，浅棕色，稀疏。由宽 2 ～ 3.5 微米的浅棕色菌丝组成，分枝，有隔，光滑。有性型未知。无性型：刚毛 85 ～ 120 微米 × 4 ～ 5 微米，不育，直生，单生，深棕色至浅黑色，壁厚，光滑，1 ～ 2 个隔近基部，顶部收窄，基部隆起宽 9 ～ 15 微米。分生孢子梗无或有，单线型，从聚合的菌丝升起，简单，弯曲，浅棕，光滑，壁厚，0 ～ 3 个隔。产分生孢子细胞长 8.5 ～ 10 微米，宽 8 ～ 9 微米，完整，基部生，单瓶梗，球状。囊领顶部宽 5 ～ 13 微米，基部宽 5.5 ～ 6 微米，深 4 ～ 10 微米，杯形。分生孢子长 10 ～ 12 微米，宽 11 ～ 13.5 微米，顶生，单生，干燥，近球状至萝卜状，透明，光滑，壁薄，无刚毛。

生　　境｜腐生于枯树皮。

模式标本｜标本号 HMAS 352037（=Wu12131）；吴文平 2012 年 3 月 3 日采于鼎湖山；保存于中国科学院微生物研究所菌物标本馆（HMAS）。

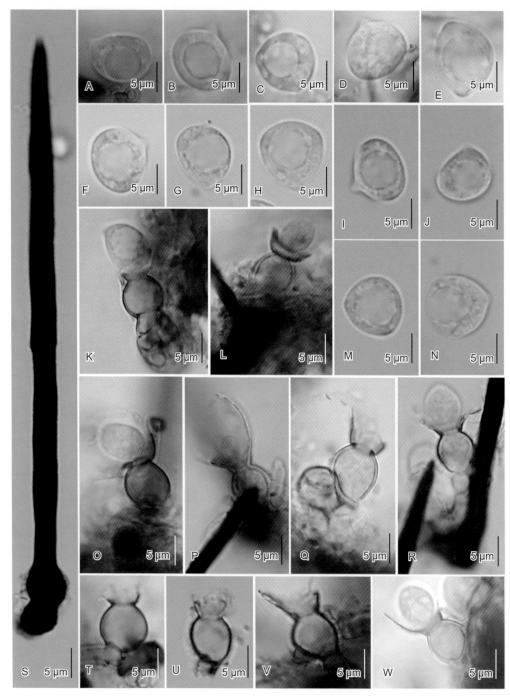

A~J，M，N. 分生孢子；K，L，O~R，T~W. 产分生孢子细胞；S. 刚毛

图片来源：Wu Wenping, et al., 2022. Fungal diversity, 116：286

子囊菌门 Ascomycota　　　　　　　　　　　刺球壳科 Chaetosphaeriaceae

024 中华硬毛亮束梗孢

***Stilbochaeta sinensis* W. P. Wu & Y. Z. Diao** Fungal diversity，116：204，2022

　　形态特征｜菌落外延，有毛，深棕色。由宽3～5微米的棕色菌丝组成，分枝，有隔。有性型未知。无性型：刚毛长60～150微米，宽4～4.5微米，直生，单生，直或弯曲，柱状，光滑，壁厚，基部隆起，7～10个隔，下部深棕色，上部色变浅，顶端隆起，圆形，不育。分生孢子梗30～60微米×3～4微米，巨线状，4个围绕着基部的一个刚毛，直立，直或稍弯曲，基部棕色，顶端色变浅，2～3个隔，壁薄，光滑。产分生孢子细胞20～28微米×3.5～4.5微米，完整，基部生，单瓶梗或多瓶梗，柱状，淡棕色，壁薄，合轴延伸。囊领宽3～3.5微米，深2.5～3.5微米，漏斗状。分生孢子13～17微米×2～2.5微米，全裂，顶生，单生，在产分生孢子细胞顶端周围形成小滴，钩状，微微弯曲，单隔，透明，光滑，顶端钝，基部平截或钝，每侧有一刚毛，长4～8微米。培养特征：在马铃薯葡萄糖琼脂培养基上，菌落外延，20天内菌落直径1～1.5厘米，圆形，平整，边缘全缘或不规则，气生菌丝发育良好，深棕色，边缘淡色，反面黄棕色。

　　生　　境｜腐生于青冈属植物（*Cyclobalanopsis* sp.）和桉属植物（*Eucalyptus* sp.）的枯叶、种子和枝条上。

　　模式标本｜标本号 HMAS 352060（=Wu12195）；吴文平2012年3月3日采于鼎湖山；保存于中国科学院微生物研究所菌物标本馆（HMAS）。

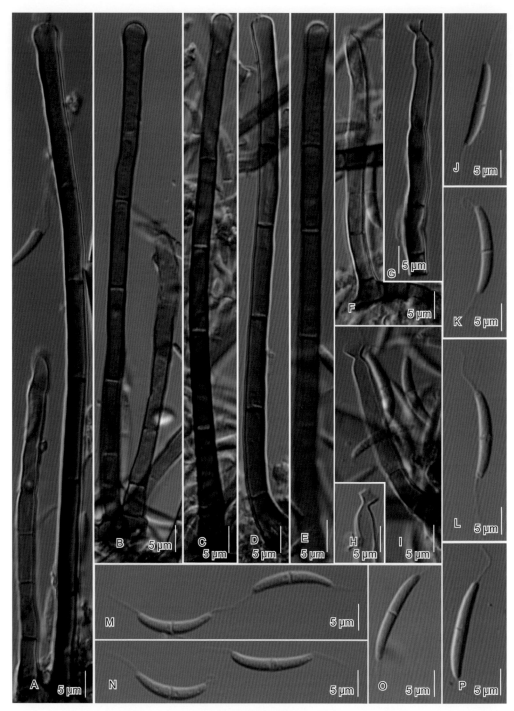

A，B. 刚毛和分生孢子梗；C～E. 不育刚毛和膨大的顶端；F～I. 分生孢子梗和产分生孢子细胞；
J～P. 分生孢子

图片来源：Wu Wenping, et al., 2022. Fungal diversity, 116：205

子囊菌门 Ascomycota	刺球壳科 Chaetosphaeriaceae

025 无毛托泽特菌

***Thozetella asetula* W. P. Wu & Y. Z. Diao** Fungal diversity，116：413，2022

形态特征｜有性型未知。无性型：产分生孢子，孢梗束状，表层奶油黄色至灰色，在深棕色的子座基部形成一个平展或弯曲的子囊层，含有近球状、卵圆状或其他一团白色的分生孢子或微芒，子座宽120微米，高60微米。分生孢子梗25～45微米×2.5～3微米，浅棕色至棕色，不规则柱状，分枝。分生孢子座基部紧密，上部稀疏，光滑，壁薄。产分生孢子细胞10～15微米×1.5～2微米，单瓶梗，完整，基部生，亮棕色至半透明，不规则柱状，无囊领，平周壁厚。微芒12～17微米×2～2.5微米，具钩，弯曲强烈，透明，1隔。基部细胞薄壁，柱状，渐平截，顶部细胞厚壁，粗糙，圆顶。分生孢子3.5～5.5微米×1.5～1.7微米，半月形、椭圆形至不规则形，无隔，透明，壁薄，光滑，一端钝、一端尖，无刚毛。培养特征：在马铃薯葡萄糖琼脂培养基上，菌落外延，20天内菌落直径1.3～1.8厘米，圆形，平整，边缘全缘，气生菌丝发育良好，白色或浅灰色，反面黄棕色。

生　　境｜腐生于竹子枯叶鞘上。

模式标本｜标本号HMAS 352066（=Wu12089）；吴文平2012年3月3日采于鼎湖山；保存于中国科学院微生物研究所菌物标本馆（HMAS）。

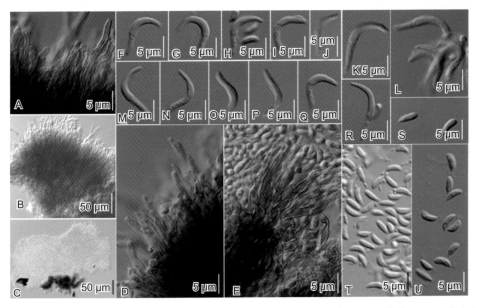

A，D，E. 分生孢子梗和产分生孢子细胞；B，C. 孢梗束状的生分生孢子体；F～R. 微芒；S～U. 分生孢子
图片来源：Wu Wenping, et al., 2022. Fungal diversity，116：414

子囊菌门 Ascomycota

刺球壳科 Chaetosphaeriaceae

026 萨顿托泽特菌

Thozetella suttonii **W. P. Wu & Y. Z. Diao** Fungal diversity，116：436，2022

形态特征｜有性型未知。无性型：产分生孢子，孢梗束状，表层奶油黄色至白色，在深棕色的子座基部形成一个平展或弯曲的子囊层，子座基部含有球状、卵圆状，或其他一团白色的分生孢子或微芒。基部子座深棕色，由深棕色、不规则、宽2～4微米的细胞组成，长至200微米，宽110微米。分子孢子梗40～50微米×2～2.5微米，巨线状，基部棕色，上部浅棕色，不规则柱状，分枝，2～3个隔。分生孢子座基部紧密，上部稀疏，被棕色毛状菌丝环绕。产分生孢子细胞13～20微米×2.5～3微米，单瓶梗，完整，基部生，亮棕色至半透明，不规则柱状，无囊领，平周壁厚。无微芒。分生孢子17～20微米×2.5～3微米，纺锤状，弯曲，连续，透明，具斑点，光滑，两端有丝状刚毛，长10～14微米。培养特征：在马铃薯葡萄糖琼脂培养基上，菌落外延，20天内菌落直径2.5～2.8厘米，圆形，平整，边缘全缘，气生菌丝发育良好，白色或浅灰色，反面中央浅黄棕色，边缘浅色。

生　　境｜腐生于竹子枯枝上。

模式标本｜标本号HMAS 352080（= Wu1940b）；吴文平1998年10月10日采于鼎湖山；保存于中国科学院微生物研究所菌物标本馆（HMAS）。

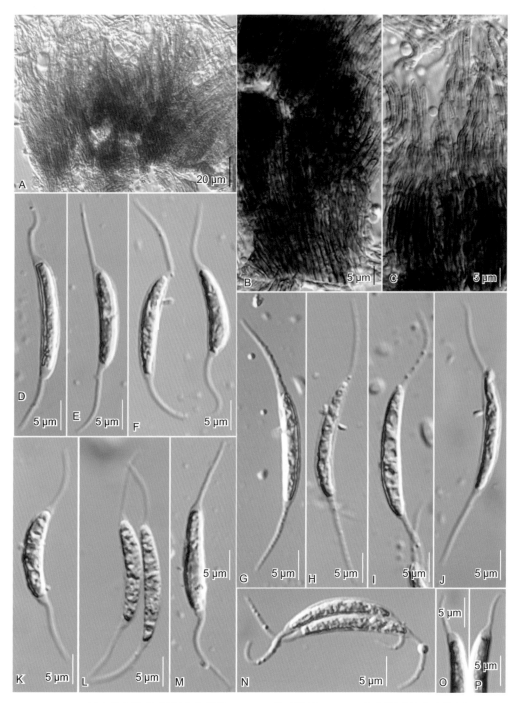

A～C. 子座基部和分生孢子座侧壁；D～N. 分生孢子；O，P. 带有刚毛的分生孢子
图片来源：Wu Wenping，et al.，2022. Fungal diversity，116：437

子囊菌门 Ascomycota　　　　　　　　　不整小球壳孢科 Plectosphaerellaceae

027 寡养不整小球壳孢

Plectosphaerella oligotrophica **T. T. Liu, D. M. Hu & L. Cai** Mycoscience, 54 (5): 390, 2013

形态特征 | 在寡营养培养基上，菌落灰白色至浅黄色，菌丝贴伏，气生菌丝缺失。23℃下培养14天后，直径达4厘米。菌丝体透明，分枝，有隔膜。分生孢子单生，不分枝或极少分枝，透明，光滑。产分生孢子细胞12～27微米×2～3微米，瓶梗状，有时多瓶梗状，离散，透明，0～1个隔膜，基部宽，顶端逐渐变细，外周壁厚，囊领圆柱形，深1～2.5微米。分生孢子聚集在黏滑的头部，椭圆体，透明，光滑，壁薄，有水滴状斑点，多数无隔，有时1隔。无隔孢子5.5～9.5微米×2.5～3.5微米，有隔孢子7.5～9微米×2～3微米。厚垣孢子阙如。有性型未知。

在马铃薯葡萄糖琼脂培养基上，菌落呈浅黄色，菌丝贴生，黏，有少量或没有气生菌丝。23℃下培养14天后，直径达4.8厘米。菌丝透明，分枝，有隔膜，形成菌丝圈。分生孢子单生，不分枝或很少分枝，透明，光滑。产分生孢子细胞13.5～47微米×1.5～2.5微米，瓶梗状，有时多瓶梗状，离散，透明，光滑，0～1个隔膜，基部宽，顶端逐渐变细，外周壁厚，囊领圆柱形，深1～2.5微米。分生孢子聚集在黏滑的头部，椭圆体，透明，光滑，壁薄，多数无隔，有时1隔。无隔孢子4～10微米×1.5～4微米，有隔孢子6.5～9微米×2～2.5微米。厚垣孢子阙如。有性型未知。

生　　　境 | 土壤。

模式标本 | 标本号HMAS 244094；蔡磊2011年9月18日采于鼎湖山；保存于中国科学院微生物研究所菌物标本馆（HMAS）。

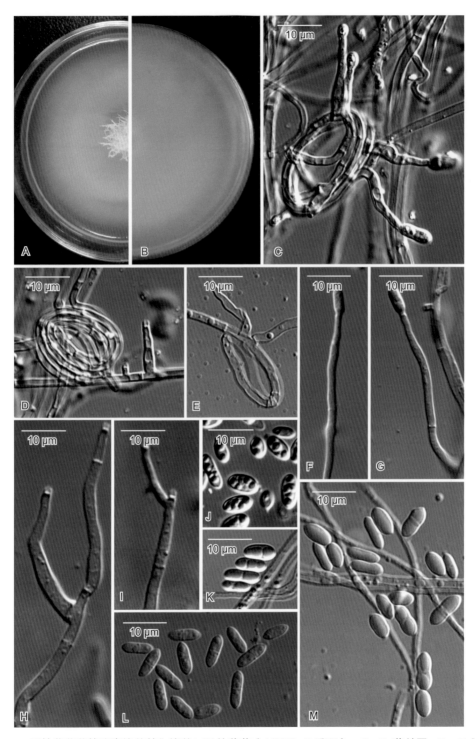

A，B. 马铃薯葡萄糖琼脂培养基上培养14天的菌落（A正面，B反面）；C～E. 菌丝圈；F，G. 瓶梗；H，I. 多瓶梗；J～M. 分生孢子

图片来源：Liu Tingting, et al., 2013. Mycoscience, 54（5）：392

子囊菌门 Ascomycota	麦角菌科 Clavicipitaceae

028 中国类蜜孢霉

***Regiocrella sinensis* P. Chaverri & K. T. Hodge** Mycologia，97（6）：1232，2005

形态特征 │ 菌丝层由松散缠结在一起的菌丝构成，扩展出来，浅橙黄色，分布于寄主虫体；菌丝透明，胞壁光滑，直径2～3微米，在3%氢氧化钾溶液中呈紫色。子囊壳聚生，部分凹陷，橘黄色（比菌丝体颜色深），倒梨形，外层折叠（干后萎陷），在3%氢氧化钾溶液中呈深紫色，现乳头状小突起，162～206微米×120～162微米。子囊圆柱状，茎部槌形，72～86微米×3～4微米。子囊孢子单胞，透明，光滑，纺锤状，有时呈尿囊状，6～8.5微米×1.7～2.5微米。

生　　境 │ 寄生在双子叶植物叶片上的蚧虫（*Aonidiella* sp.）内。

模式标本 │ 标本号B. Huang DHS 040810-26（CUP CH-264）；Huang Bo 2004年8月10日采于鼎湖山；保存于美国康奈尔大学植物病理学标本室。

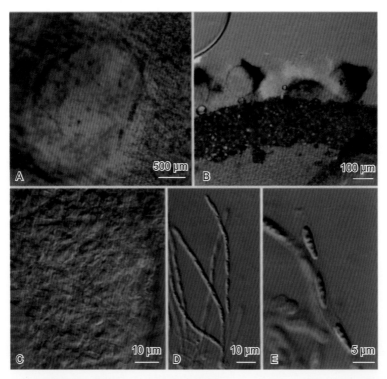

A.基质；B.基质中的子囊壳；C.基质组织或菌丝；D.子囊和子囊孢子；E.子囊孢子

图片来源：Chaverri Priscila，et al.，2005．Mycologia，97（6）：1233

子囊菌门 Ascomycota　　　　　　　　　　　虫草菌科 Cordycipitaceae

029 新表生虫草

***Cordyceps neosuperficialis* T. H. Li, C. Y. Deng & B. Song** Mycotaxon，103：366，2008

形态特征｜产生于寄主昆虫的头部或两端，无分枝至有分枝，细长，长圆柱形，长6～12厘米，粗0.5～1.5毫米，通常弯曲，年轻时（尚未产生子囊壳）上部分灰色或灰白色，下部分或成熟部分淡橙色、浅灰橙色至橙褐色，变干后颜色不变；结实部分膨大，但不能清楚地区分不结实的部分，长达6厘米，往上逐渐变细，至末端呈尖形，有或无不结实顶部，顶部附近常有较小的子囊壳。子囊壳表生于基质外围上层，聚生至丛生，卵形至近圆锥形，220～550微米×220～450微米，成熟时常400～550微米×400～450微米，褐色或深橙褐色至深褐色；子囊壳的小孔轻微突出，成熟时和潮湿环境从中喷出白色子囊孢子。子囊蠕虫形至窄圆柱形或线形，145～210微米×4～6微米，顶部有一透明的冠状物，在下边基部变尖，发育成熟时壁逐渐开裂，8个子囊孢子裸露出来。子囊孢子丝状，比子囊短，140～180微米×0.8～1.1微米，具多个隔膜，分成几个长4.7～7.5微米的孢子区域。

生　　境｜生在鞘翅目（Coleoptera）幼体中。幼体藏于掉落的小枝树心，被阔叶林树叶或树枝覆盖。

模式标本｜标本号GDGM 24809；李泰辉和邓春英2007年5月10日采于鼎湖山；保存于广东省科学院微生物研究所真菌标本馆（GDGM）。

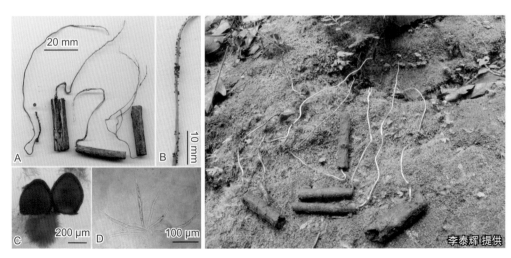

（左图）A. 子囊体；B，C. 子囊壳；D. 子囊孢子

图片来源：Li Taihui, et al., 2008. Mycotaxon, 103：367

子囊菌门 Ascomycota　　　　　丛赤壳科 Nectriaceae

030 广东拟胶帚霉

***Gliocladiopsis guangdongensis* F. Liu & L. Cai** Cryptogamie，mycologie，34（3）：235，2013

　　形态特征｜在自然培养基上的菌落扩展出来，白色。菌丝体部分陷入基质中，部分长在表面上。分生孢子梗透明，流苏状。产孢器官有两个平的透明分枝：主分枝无隔膜或具1个隔膜，14.5～15.5微米×3～3.5微米；次分枝无隔膜，10～10.5微米×2.5～3微米；瓶梗船形至圆柱形，11～16微米×2～3微米，在分枝上整齐排列3～6个轮，类似女用围巾。分生孢子圆柱形，透明，光滑，有滴状斑点，正直，末端钝形，无隔膜或具1个隔膜，13.5～22.5微米×2～3微米。

　　生　　境｜生于溪流水中木头上。

　　模式标本｜标本号HMAS 244829（CGMCC 3.15260=LC 1340）、HMAS 244830（CGMCC 3.15261=LC 1349）；刘芳2010年12月29日采于鼎湖山；保存于中国科学院微生物研究所菌物标本馆（HMAS）。

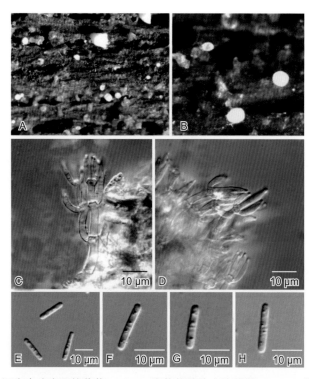

A，B. 沉水木头表面的菌落；C，D. 流苏状的分生孢子梗；E～H. 分生孢子
图片来源：Liu Fang, et al., 2013. Cryptogamie, mycologie, 34（3）：237

子囊菌门 Ascomycota　　　　　丛赤壳科 Nectriaceae

031 鼎湖新丛赤壳

***Neonectria dinghushanica* J. Luo & W. Y. Zhuang** Science China-life sciences，53（8）：913，2010

形态特征｜子囊座呈子囊壳状，聚生，一群多达13个，带有底部子座，生于表层，接近球形，高170～290微米，直径160～250微米，附有尖的红色乳突，干后也不萎陷，新鲜时橙红，干后变红色，在3%氢氧化钾溶液中变暗红，在乳酸中由橙色变黄色，微疣状，疣与子囊座同色，高5～18微米，疣中细胞球形至边凸有棱角，6～17.5微米×5～13微米，细胞壁厚1～3.5微米。子囊座壁厚16.5～30微米，分成两个区域，外层区域厚11～24.5微米，细胞球形至边凸有棱角，5～13微米×4～8微米，细胞壁厚1～3.5微米；内层区域狭长形，7～18.5微米×2～4微米，细胞壁厚0.5～2微米。子囊棍棒状，由8个孢子组成，有1个尖端，42～60微米×5.5～11微米。子囊孢子椭圆形至宽纺锤形，在隔膜处微收缩，透明至浅黄色，具细小条纹，分两列连续排列，10～17微米×3.5～6微米。

生　　境｜生于腐烂松树的枝条上。

模式标本｜标本号HMAS 183179（W2054）；吴文平1998年10月9日采于鼎湖山；保存于中国科学院微生物研究所菌物标本馆（HMAS）。

A. 子囊；B. 子囊孢子

图片来源：Luo Jing, et al., 2010. Science China-life sciences，53（8）：910–911

子囊菌门 Ascomycota · · · · · 佐布艾利斯菌科 Jobellisiaceae

032 广东佐布艾利斯菌

Jobellisia guangdongensis **F. Liu & L. Cai** Mycologia，104（5）：1181，2012

形态特征｜子囊座高200～400微米，直径175～400微米，球形至近球形，生于表面，深褐色至黑色，聚生，有乳突，具孔口。孢囊被宽60微米，纵断面有3层。侧丝宽2.5～5微米，数量多，细丝状，具隔膜，在隔膜处收缩，未嵌入胶状细胞间质中。子囊76.5～97微米×5～8微米，生有8个孢子，圆柱形，短梗，单囊壁，具有折射光的顶生器官，直径3.5～4.5微米。子囊孢子8～10.5微米×3～4.5微米，覆瓦状单列排列，拟纺锤形至纺锤形，顶端尖，1个隔膜，在隔膜处轻微收缩，壁变薄，微绿色至褐色。

生　　境｜生于溪水中木头上。

模式标本｜标本号HMAS 251240；刘芳于2010年12月29日采于鼎湖山；保存于中国科学院微生物研究所菌物标本馆（HMAS）。

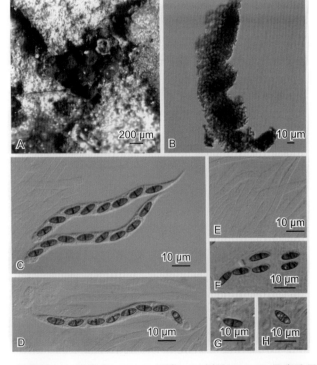

A. 子囊果；B. 子囊座；C，D. 子囊；E. 侧丝；F～H. 子囊孢子

图片来源：Liu Fang，et al.，2012. Mycologia，104（5）：1183

子囊菌门 Ascomycota　　　　　　　　巨座壳菌科 Magnaporthaceae

033 小刚毛双曲孢

Nakataea setulosa **J. Ma & X. G. Zhang** Mycological progress，13（3）：754，2014

　　形 态 特 征｜在自然培养基上的菌落扩展出来，棕色至黑色，绒毛状。菌丝体部分长在表面上，部分陷入基质中，由有分枝、具隔膜、浅棕色至棕色、胞壁光滑的菌丝构成，粗1～3微米。分生孢子梗为粗大单性菌丝体，无分枝，直立，正直或弯曲，圆柱形，现齿状突起，具隔膜，棕色，至顶部色变浅，偶延伸至顶部，长160～385微米，粗4～6.5微米。产孢细胞为多形噬细胞聚合体，顶生且间生，合轴，圆柱形，有齿状突起，43～92微米×3.5～6微米；齿状突起壁薄，圆柱形或圆锥形，直径1～2微米。分生孢子破生状脱离，单生，干，极侧生，无分叉，光滑，纺锤状，具3个隔膜，细胞末端以外褐色，长25～35微米，在最宽处粗6.5～9.5微米，顶端尖，基部截形，末端细胞透明或极浅褐色，顶部和基部各有一单细胞刚毛，并长出明显的长1～2微米的底部褶边。

　　生　　　　境｜生于未知名的常绿阔叶树的死树枝上，海拔1 000米。

　　模 式 标 本｜标本号HSAUP H5512；马建2010年10月17日采于鼎湖山；保存于山东农业大学植物病理学标本室。

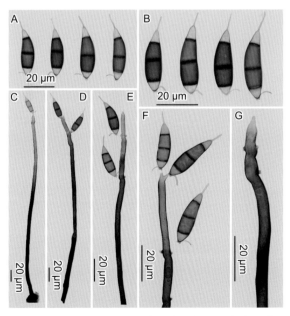

A，B. 分生孢子；C～F. 分生孢子梗；G. 产孢细胞

图片来源：Ma Jian，et al.，2014. Mycological progress，13（3）：754

子囊菌门 Ascomycota　　　　　　　　　　　　　　未定科 Incertae sedis

034 埃氏瑞勃劳艾菌

Ellisembia reblovae **W. P. Wu & Y. Z. Diao** Fungal diversity，116：46，2022

　　形态特征 │ 菌落外延，棕色，有毛，通常不明显。菌丝薄，部分侵入基质，浅棕色至棕色，分隔，分枝，宽2～4微米。有性型未知。无性型：分生孢子梗40～57微米×5.5～6.5微米，巨线状，单生或1～2个聚生于基部，单一，柱状，直或稍弯曲，光滑，1～3个隔，深棕色至黑色，近乎无隔，基部有时隆起，前端平截。产分生孢子细胞18～22微米×5～6微米，完整，顶生，柱状，光滑，棕色至深棕色，顶端宽3.5～4微米，平截收缩。分生孢子60～93微米×11～13微米，顶生，单生，干燥，倒棍棒状或倒棍棒喙状，11～14个离壁隔，棕色至深棕色，顶端变浅棕色。顶端细胞淡棕色，圆锥状或圆柱状，顶端圆形。基部细胞宽3.5～4微米，平截，颜色较其他细胞深。培养特征：马铃薯葡萄糖琼脂培养基上菌落外延，20天菌落直径1.5～2厘米，圆形，平整，边缘全缘，气生菌丝发育良好，灰色，反面棕色至深棕色。

　　生　　　境 │ 枯萎的竹竿上。

　　模式标本 │ 标本号HMAS 352005（=Wu1913b）；吴文平1998年10月9日采于鼎湖山；保存于中国科学院微生物研究所菌物标本馆（HMAS）。

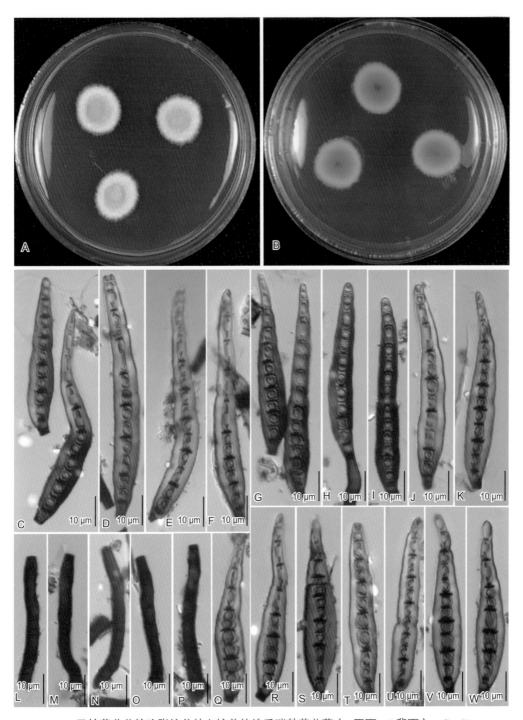

A～B. 马铃薯葡萄糖琼脂培养基上培养的埃氏瑞勃劳艾菌（A正面，B背面）；C～K，
Q～W. 分生孢子；L～P. 分生孢子梗和产分生孢子细胞

图片来源：Wu Wenping, et al., 2022. Fungal diversity, 116: 38, 46

子囊菌门 Ascomycota	未定科 Incertae sedis

035 鼎湖蛛丝孢

***Arachnophora dinghuensis* J. Ma & X. G. Zhang** Mycoscience，55（5）：330，2014

　　形态特征｜自然培养基上的菌落扩展出来，棕色，绒毛状。菌丝体部分长在表面上，部分陷入基质中，由有分枝、具隔膜、浅棕色至棕色、胞壁光滑的菌丝构成。分生孢子梗粗大，单性，单一，直立，正直或弯曲，光滑，具隔膜，棕色，至顶部色变浅，160～240微米×6～9微米。产孢细胞单核连成一体，顶生，圆柱形至烧瓶形，浅棕色，偶有肠胚基扩展出来，9～14微米×5～5.5微米。大分生孢子破生状脱离，单生，干，顶生，星形，具隔膜，光滑，聚合态，由不规则二室中央体构成，棕色，21～27.5微米×10～17微米，其每个中央细胞能直接产生2个或更多有繁殖力的棕色至浅棕色的外层细胞，其外层细胞4～6.5微米×3.5～4.5微米，能增加1～3个有繁殖力、圆锥形、透明至浅棕色的壁细胞。无性型类似于小月孢属（*Selenosporella*），为透明、具隔膜、纺锤状、5～11.5微米×1～1.5微米的小型分生孢子，合轴产生于大分生孢子外围细胞尖端的微小齿状突起。

　　生　　境｜生于热带森林的死树枝上。

　　模式标本｜标本号HSAUP H5513；马建2010年10月17日采于鼎湖山；保存于山东农业大学植物病理学标本室。

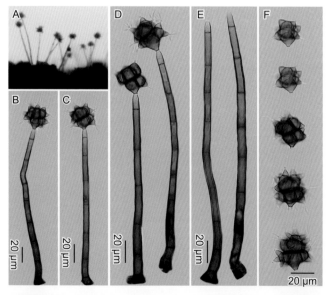

A. 菌落形态；B～E. 分生孢子梗；F. 小型分生孢子（小月孢属）
图片来源：Ma Jian, et al., 2014. Mycoscience, 55（5）：330

子囊菌门 Ascomycota　　　　　**未定科 Incertae sedis**

036 间孢藤菌

***Rattania intermedia* W. P. Wu & Y. Z. Diao** Fungal diversity，116：405，2022

形态特征｜菌落由浅棕色菌丝组成，分枝，光滑，有隔。有性型未知。无性型：产分生孢子，孢梗束状，散生，点状或垫状，深棕色至黑色，有刚毛，基部子座由深棕色不规则细胞组成。刚毛160～320微米×3～5微米，不育，从子座下部生出，锥形，尖，深棕色，顶端色变浅，光滑，简单，直或弯曲，10个隔，基部隆起直径15微米。分生孢子梗25～35微米×2.5～4微米，柱状，形成栅栏状的子座表面，直或弯曲，浅棕色，顶端变透明，光滑，2～4个隔，分枝。产分生孢子细胞10～15微米×3～4.5微米，完整，基部生，单瓶梗，柱状，烧瓶形，浅棕色，带有一小顶部囊领。分生孢子25～37微米×4～5微米，全裂，单生，透明，无隔，钩形或纺锤形，弯曲，多水滴，顶端尖，基部平截，每端有一刚毛，长3～7微米。培养特征：在马铃薯葡萄糖琼脂培养基上，菌落外延，20天内菌落直径2.8～3.5厘米，圆形，平整，边缘全缘，气生菌丝发育良好，白色或灰色，反面中央深棕色，边缘浅棕色。

生　　境｜腐生于枯枝上。

模式标本｜标本号HMAS 352049（=Wu1998d）；吴文平1998年10月11日采于鼎湖山；保存于中国科学院微生物研究所菌物标本馆（HMAS）。

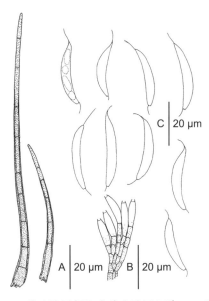

A. 刚毛；B. 分生孢子梗和产分生孢子细胞；C. 分生孢子

图片来源：Wu Wenping, et al., 2022. Fungal diversity，116：400

担子菌门 Basidiomycota	蘑菇科（伞菌科）Agaricaceae

037 棕盖蘑菇

Agaricus rubripes J. F. Zheng & L. H. Qiu Nova hedwigia，109（1/2）：240，2019

形态特征｜菌盖直径4～4.3厘米，平展，干燥，灰色，中部盖有浓密的炭灰色纤丝状小鳞片，边缘散布，中部略凹陷，边缘不规则，具条纹。菌肉厚1.5毫米，肉质，银灰色，受伤不变色。菌褶离生，密，宽2.5毫米，中央膨大，成熟后驼棕色，无分叉，脉纹相连，边缘完整，有1～3片小菌褶。菌柄长5.5～8厘米，直径2～5.5毫米，中生，柱状，中空；基部略膨大，球状，连接菌索，表面光滑，白色，近顶端色渐深至深咖啡色。菌环上位，单环，固定，上举，直径4～7毫米，上部白色光滑，下部被卷绵毛。弱苯酚气味。担孢子5.1～6.5微米×2.8～4微米，椭圆形，光滑，壁厚，非淀粉质，棕色，无芽孔。担子12.5～18.7微米×6.3～9微米，椭圆形至柱状，有时宽棒状，光滑，透明，2～4个孢子。褶缘囊状体13.3～24.8微米×7～13.6微米，光滑，透明，棒状，宽棒状至梨状，伴有近球状或柱状小梗。未见侧生囊状体。菌盖皮层真皮状，由宽2.7～11.9微米、柱状、光滑、偶有分枝的菌丝组成，菌丝通常略膨大，隔板处罕见缢缩，内含亮棕色至棕色的空泡色素。菌环由2.3～7.7微米、柱状、透明、光滑的菌丝组成，常有分枝，隔板处缢缩。菌髓由平行至略交错的菌丝组成。无锁状联合。

A～D. 子实体；E. 担孢子（显微）；F. 担孢子（电镜）
图片来源：Zheng Jianfei, et al., 2019. Nova hedwigia, 109（1/2）：239

生　　　境｜单生于森林的地面上。

模式标本｜标本号 GDGM 70729（中山大学编号 K17071201）；李经纬 2017 年 7 月 12 日采于鼎湖山；保存于广东省科学院微生物研究所真菌标本馆（GDGM）。

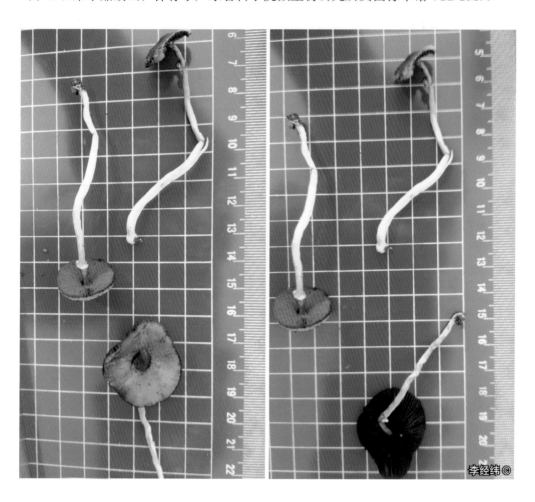

李经纬©

| 担子菌门 Basidiomycota | 鹅膏菌科 Amanitaceae |

038 近托鹅膏

***Amanita subvolvata* Z. S. Bi** The microbiological journal，1（1）：24，1985

形态特征 | 菌盖直径8～15毫米，初期半球形，后期平展，中央区域呈凹形，薄，浅红褐色，密实，被软毛，边缘易撕裂。菌肉白色，薄而味中等。菌褶白色，并生至单生，规则，冠顶，初期被淡粉红色盾甲，近球形菌幕由链状细胞组成，细胞直径14～20微米，易碎。菌柄中生，与菌盖颜色一致，长2～3.5厘米，粗5～10毫米，被软毛，无菌环。菌托杯形，灰色，11微米×0.8毫米，被软毛。担孢子长椭圆形，5～9微米×2～3.5微米，透明，光滑，非淀粉质。担子棍棒状，32～42微米×4～6微米，单孢子，透明，遇氢氧化钾溶液不褪色，遇Melzer试剂呈黄色。无侧生囊状体。褶缘囊状体36～45微米×7～8微米，少见，棍棒状，透明，遇氢氧化钾溶液呈无色，遇Melzer试剂呈黄色。无柄生囊状体。菌褶菌髓不平行，遇氢氧化钾溶液呈无色，遇Melzer试剂呈黄色。菌盖外皮层淡黄褐色，直径3～5微米，顶端膨大，近球形。菌肉菌丝无色，遇氢氧化钾溶液呈无色或淡黄色，遇Melzer试剂呈淡褐黄色。无锁状联合。

生　　境 | 散生于混交林的地面。

模式标本 | 标本号HMIGD 4668；毕志树等1980年9月6日采于鼎湖山；保存于广东省科学院微生物研究所真菌标本馆（GDGM）。

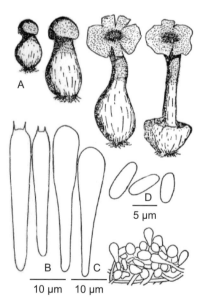

A. 子实体柄；B. 担子；C. 褶缘囊状体；D. 担孢子

图片来源：Bi Zhishu, et al., 1985. The microbiological journal，1（1）：25

担子菌门 Basidiomycota	粉褶蕈科 Entolomataceae

039 橙黄粉褶蕈

***Entoloma aurantiacum* Z. S. Bi** Acta mycologica sinica，5（3）：166，1986

形态特征 ｜ 菌盖宽2.2～4.8厘米，平凸形，从盖面中心向四周具有放射状沟纹，橙黄色，中央区域黄褐色，光滑至被小纤维。菌肉淡微黄色，厚2～4.5毫米，味道中等。菌褶初时雪白色，后变黄色至黄褐色，具附器，不等大，略疏。菌柄中生，黄色，圆柱形，长2.8～5.8厘米，粗3.8～6.5毫米，往基部有增大，实心，被小纤维。担孢子五边形至六边形，9～13.5微米×8～11微米，淡锈色，但4月收集的标本孢子要小，6～7.5微米×5～6微米，遇氢氧化钾溶液不变色，遇Melzer试剂呈黄褐色。担子30～35微米×6～8微米，棒状，4个孢子。侧生囊状体向一侧肿胀，45～60微米×10～15微米，淡黄色。褶缘囊状体36～42微米×8～10微米，棒状，与侧生囊状体颜色相同。柄生囊状体33～60微米×11～15微米，棒状，透明。子实层体菌髓为平行型。无锁状联合。

生　　境 ｜ 单生至散生于混交林的土壤上。

模式标本 ｜ 标本号HMIGD 4755；毕志树等1981年4月29日采于鼎湖山；保存于广东省科学院微生物研究所真菌标本馆（GDGM）。

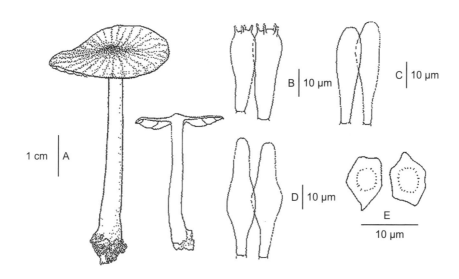

A. 子实体；B. 担子；C. 褶缘囊状体；D. 侧生囊状体；E. 担孢子

图片来源：Bi Zhishu, et al., 1986. Acta mycologica sinica，5（3）：167

担子菌门 Basidiomycota　　　　　　　粉褶蕈科 Entolomataceae

040 鼎湖粉褶蕈

Entoloma dinghuense **T. H. Li & C. H. Li** Mycotaxon，107：409，2009

形态特征 | 子实体中型，金钱菌状。菌盖宽70毫米，凸圆形至平展，中心突起阔，光滑，非黏质，无条纹，随年龄增加边缘会略隆起，浅蓝色至淡蓝色，干后淡绿蓝色。菌褶宽5~7毫米，附生，疏至近疏，幼时白色，发育后期浅粉红色至粉红色，褶缘光滑，有小菌褶。菌柄中生，长60毫米，近顶端处粗6毫米，圆柱形，基部略为增粗，与菌盖颜色相同或略淡，顶端淡蓝色，往基部颜色变深，近基部浅蓝色至淡蓝色，无毛，实心。菌盖菌肉薄，近菌柄处厚3毫米，白色，味道和气味中等。担孢子8~11.5微米×6~8.5微米，等直径多面体至近等直径多面体，侧视有5个或6个角，具明显小尖端，浅粉红色。担子38.5~41微米×9.5~14.5微米，棍棒状，有时有许多油滴，2~6个孢子，多数4个孢子，偶见6个孢子，孢子小梗长1.5~5微米，锁状。侧生囊状体45~69微米×24~33.5微米，近囊状，圆柱体至棍棒状至阔棍棒状，有时顶端钝。无褶缘囊状体。菌褶菌髓菌丝为近平行型，宽5~19.5微米，圆柱形至肿胀形，壁薄，无色，透明。菌盖皮层皮状，其可转回菌丝粗4.5~15.5微米，壁薄。菌柄皮层菌丝为近平行型，粗3.5~17微米。无盖面囊状体和柄生囊状体。所有组织中均存在锁状联合。

生　　　境 | 单生于混交林的土壤上。

模式标本 | 标本号GDGM 11782；毕志树和李泰辉1987年5月24日采于鼎湖山；保存于广东省科学院微生物研究所真菌标本馆（GDGM）。

李泰辉 提供

| 担子菌门 Basidiomycota | 粉褶蕈科 Entolomataceae |

041 绒毛粉褶蕈

***Entoloma tomentosum* Z. S. Bi** Acta mycologica sinica，5（3）：165，1986

形态特征｜菌盖宽2.6～6厘米，干，淡灰黑色，平展至不规则形，表面密被极小的、类似毛毡的绒毛和一簇小鳞片，鳞片专门聚生在菌盖中央区域，边缘完整至撕裂。菌肉白色，厚1～5毫米，味美。菌褶淡红橙黄色，稍密，并生至近下延生，褶缘平滑。菌柄中生，长2.3～4.7厘米，粗3.5～9毫米，浅灰白色，管状，由软骨构成，有条纹，基部密被绒毛。担孢子角形，五边，9～10微米×7～8微米，淡粉红色，遇氢氧化钾溶液呈淡褐色。担子45～48微米×10～11微米，棒状，2～4个孢子，透明。无侧生囊状体和褶缘囊状体。子实层体菌髓为平行型。菌盖皮层表面为栅状毛皮，20～31微米×7～16微米，细胞倒棍棒状至短圆柱形。

生　　境｜散生于混交林的土壤上。

模式标本｜标本号HMIGD 5298；毕志树等1981年4月7日采于鼎湖山；保存于广东省科学院微生物研究所真菌标本馆（GDGM）。

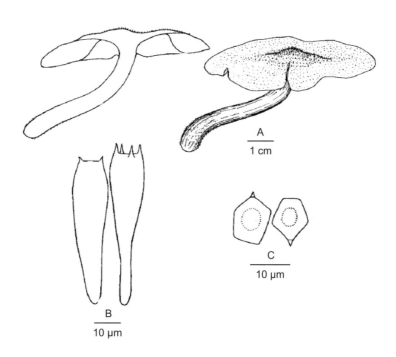

A. 子实体及切面；B. 担子；C. 担孢子

图片来源：Bi Zhishu，et al.，1986. Acta mycologica sinica，5（3）：165

担子菌门 Basidiomycota | 粉褶蕈科 Entolomataceae

042 泡状囊体粉褶蕈

***Entoloma vesiculosocystidium* Z. S. Bi** 真菌学报，4（3）：156，1985

形态特征 菌盖宽1.5～2.5厘米，圆锥至斗笠状，后伸展而中凹成脐，棕褐色，脐部较暗，不黏，上有白色绒毛，肉质，边缘有条纹，撕裂成波状。菌肉白色，半透明状，近菌柄处厚0.5毫米，无味。菌柄中生，长3.5～5厘米，粗1～3毫米，白色，半透明状，纤维质，上部光滑，基部被白色菌丝状绒毛。菌褶白色带红色，弯生而有一延生齿，不等长，盖缘处每厘米有20～22片菌褶，褶缘平滑。担孢子角形，多为五边，淡肉色，8～13微米×6～9微米，内含1个或2个油滴，壁较深。担子20微米×10微米，棒状，2～4个孢子，无色。侧生囊状体20～30微米×20～35微米，少，泡囊状，无色。褶缘囊状体25～40微米×20～50微米，少，泡囊状，无色。菌褶菌髓为平行型。无锁状联合。

生 境 群生于阔叶林中枯枝落叶层下的地上。

模式标本 标本号HMIGD 4658；毕志树等1980年9月6日采于鼎湖山；保存于广东省科学院微生物研究所真菌标本馆（GDGM）。

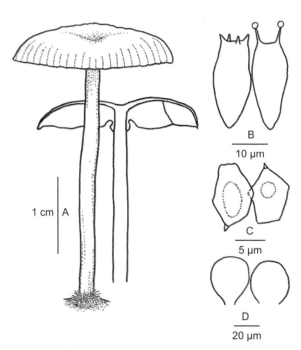

A. 子实体；B. 担子；C. 担孢子；D. 褶缘囊状体
图片来源：毕志树，等，1985. 真菌学报，4（3）：157

担子菌门 Basidiomycota　　　　　层腹菌科 Hymenogastraceae

043 长柄裸伞

***Gymnopilus elongatipes* Z. S. Bi** 真菌学报，5（2）：94，1986

　　形态特征｜菌盖宽5～28毫米，初时卵圆形，后平展至扁凸镜形，干或潮湿时黏，浅黄褐色，中央色深，上有辐射状沟纹和贴生白绒毛，边缘垂挂褐色残留菌幕。菌肉黄白色，受伤不变色，厚约1毫米，无味，无气味。菌柄中生，长1.5～8.5厘米，粗1～3毫米，弯曲，黄白色，棒状，实心，上有褐色绒毛，柄基略膨大，其上有白色绒毛。菌环上位，褐色，单环，不脱落，不活动。菌褶锈褐色，盖缘处每厘米有23～25片菌褶，不等长，直生至弯生，褶缘平滑或有1条粉白线。孢子印锈褐色。担孢子黄褐色至黄色带橙褐色，粗糙有小瘤，卵圆形至椭圆形，9～11微米×5.5～7微米，内多含1个油球，复原时遇Melzer试剂呈橙褐色。担子18～23微米×7～10微米，棒状，2～4个孢子，无色至浅黄色。侧生囊状体20～35微米×6～7微米，锥状。褶缘囊状体36～40微米×5～7微米，棒状，少。柄生囊状体55～60微米×9～11微米，近棒状，少。菌褶菌髓为平行型。菌盖外皮层菌丝管状。有锁状联合。

　　生　　境｜散生至群生于腐草根上。

　　模式标本｜标本号HMIGD 4724；毕志树等1980年9月8日采于鼎湖山；保存于广东省科学院微生物研究所真菌标本馆（GDGM）。

李跃进 ©

担子菌门 Basidiomycota | 丝盖伞科 Inocybaceae

044 拟紫灰丝盖伞

Inocybe pseudogriseolilacina **G. Y. Zheng & Z. S. Bi** The macrofungus flora of China's Guangdong Province：429，1993

形态特征｜菌盖平展至凸形，宽1.2～2厘米，紫褐色，被长而密的辐射状排列绒毛，半肉质，边缘碎裂。菌肉淡黄色，受伤不变色，薄，味道中等。菌褶褶缘波状至近离生，紫褐色，不等长，盖缘处每厘米有18～22片菌褶，菌褶宽2～2.5毫米。菌柄中生，圆柱形，长1.7～2.8厘米，近柄顶处粗1.5～2.5毫米，紫褐色，中空，被白色软毛，有条纹，基部呈不明显球状。担孢子椭圆形，6～7.5微米×3～4.5微米，光滑，淡紫褐色，非淀粉质。担子棒状，17～19微米×6.4～7.5微米，2～4个孢子。无侧生囊状体。褶缘囊状体棍棒状至向一侧肿胀，33～42微米×8～11微米，光滑，无硬壳孢囊。菌褶菌髓为非平行型。菌盖外皮层菌丝不明显，平行相互交织。

生　　境｜聚生于阔叶林的地面。

模式标本｜标本号HMIGD 4591；毕志树等1980年9月5日采于鼎湖山；保存于广东省科学院微生物研究所真菌标本馆（GDGM）。

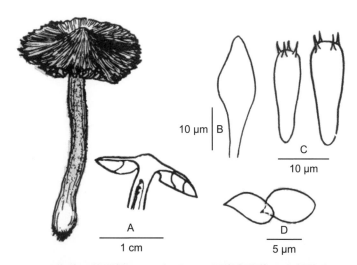

A. 子实体及其纵断面；B. 担子；C. 褶缘囊状体；D. 担孢子

图片来源：Bi Zhishu, et al., 1993. The macrofungus flora of China's Guangdong Province：662

担子菌门 Basidiomycota　　　　离褶伞科 Lyophyllaceae

045 中华格式菇

Gerhardtia sinensis T. H. Li, Ting Li, C. Q. Wang & W. Q. Deng Phytotaxa，332（2）：173，2017

形态特征｜菌盖直径32～56毫米，初期凸镜形，后渐平展，成熟后中间凹陷，边缘内卷至上弯，有时有裂痕，潮湿环境下菌盖表面水浸状；菌盖中央黄白色至浅黄色，边缘雪白色、缎白色至浅黄白色，干燥，无毛，或有细微的条纹。菌肉近菌柄处厚2.5～4.5毫米，白色至黄白色，受伤不变色。菌褶贴生，宽4～7毫米，每个菌盖有24～32片完全菌褶，两片完全菌褶中有4～8片小菌褶，与菌盖同色，有时浅黄白色，偶有分叉。菌柄长20～60毫米，直径5～12毫米，中生，圆柱状至近圆柱状，弯曲，白色至奶白色或浅黄白色，光滑或有细微绒毛，中空。菌柄菌肉与菌盖同色，受伤不变色，无特殊气味。担子26～32微米×5～7微米，窄棍棒状至圆柱状，壁薄，透明，4个孢子，担子小梗长2～3微米。担孢子3.9～5.4微米×2.3～3.3微米，椭球状至长椭球状，内含不透明颗粒，非淀粉质，壁薄，粗糙，细尖不明显。有毒。

生　　境｜7—9月散生于阔叶林或针阔叶混交林的地上。

模式标本｜标本号GDGM 29981；李泰辉和邓春英2010年8月8日采于鼎湖山；保存于广东省科学院微生物研究所真菌标本馆（GDGM）。

张明 ©

担子菌门 Basidiomycota   小皮伞科 Marasmiaceae

046 拟花味小皮伞

***Marasmius pseudoeuosmus* G. Y. Zheng & Z. S. Bi** 真菌学报，4（1）：42，1985

形态特征｜菌盖钟形至半球形，宽3.5～6.5毫米，白色，中央部分暗带橙色，不黏，被白色绒毛，膜质，边缘整齐。菌肉白色，薄，无味。菌褶白色带橙色，直生至微弯生，不等长，有分叉和横脉，褶缘钝厚。菌柄中生，长5～12毫米，近柄顶处粗约1毫米，圆柱形，被白色绒毛，纤维质，实心。担孢子椭圆形至近瓜子形，3.5～6.2微米×2～2.6微米，光滑，无色。担子棒状，27～30微米×6～7微米，4个孢子，有时仅1个孢子，微黄色。褶缘囊状体上部有突起，30～40微米×8～10微米，含颗粒状物，微黄色。侧生囊状体与褶缘囊状体相似，有时顶端有小尖突，整个囊长可达51微米。菌褶菌髓规则。菌盖外皮层菌丝栅状排列，末端光滑。菌肉菌丝具锁状联合。柄生囊状体近棒状，常呈波状起伏，24～36微米×5～6微米。

生　　　境｜群生于阔叶树的落枝上。

模式标本｜标本号HMIGD 5310；毕志树等1981年6月26日采于鼎湖山；保存于广东省科学院微生物研究所真菌标本馆（GDGM）。

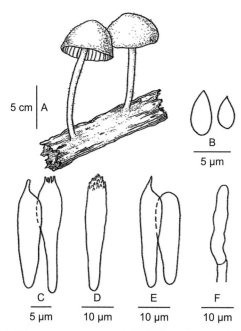

5 cm | A

B
5 μm

C
5 μm

D
10 μm

E
10 μm

F
10 μm

A. 子实体；B. 担孢子；C. 担子；D. 褶缘囊状体；E. 侧生囊状体；F. 柄生囊状体
图片来源：毕志树，等，1985. 真菌学报，4（1）：42

担子菌门 Basidiomycota　　　　　　　　　　**小菇科 Mycenaceae**

047 鼎湖小菇

Mycena dinghuensis **Z. S. Bi** Acta mycologica sinica，6（1）：9，1986

　　形态特征｜菌盖宽3～18毫米，钟状，肉质，棕色，被绒毛，干，边缘整齐而有条纹。菌肉极薄，白色至棕色，无味。菌柄中生，长8～31毫米，近柄顶处粗0.5～2毫米，黑褐色，近顶部处为棕色，纤维质，被白色绒毛，空心。菌褶初时白色，后变棕色，不等长，直生，盖缘处每厘米有18～22片菌褶，褶缘锯齿状。担孢子梨核形，光滑，无色，5～8微米×3～3.3微米。担子24～28微米×3.5～5微米，棒状，具2～4个孢子，微黄色。侧生囊状体30微米×12微米，少，单生，棒状，无色。褶缘囊状体30～42微米×9～15微米，多，单生或群生，棒状，顶部膨大，无色。未见柄生囊状体。菌褶菌髓为近平行型。有锁状联合。

　　生　　境｜群生于番荔枝科植物白叶瓜馥木［*Fissistigma glaucescens*（Hance）Merr.］等的活枝条上。

　　模式标本｜标本号HMIGD 4616；毕志树等1980年9月6日采于鼎湖山老鼎及庆云寺西坡；保存于广东省科学院微生物研究所真菌标本馆（GDGM）。

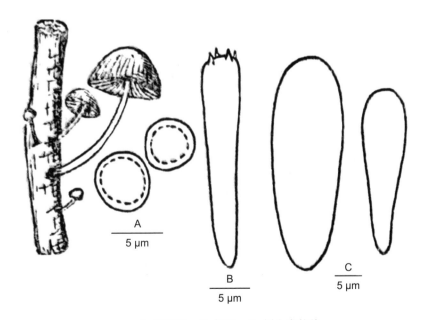

A. 担孢子；B. 担子；C. 侧生囊状体

图片来源：A. Bi Zhishu, et al., 1993. The macrofungus flora of China's Guangdong Province：666；B, C. Bi Zhishu, et al., 1986. Acta mycologica sinica, 6（1）：10

担子菌门 Basidiomycota

小菇科 Mycenaceae

048 拟胶粘小菇

***Mycena pseudoglutinosa* Z. S. Bi** 真菌学报，4（3）：155，1985

形态特征｜菌盖宽2～6毫米，红色，扁半球形，后平展，胶黏，菌盖表面有很多黏液，肉质，光滑无附属物，湿时有透明微弱条纹。菌肉淡红色，薄，无味。菌褶白色带微红色，盖缘处每厘米有24～28片菌褶，不等长，直生至短延生，褶缘平滑。菌柄中生，长4～12毫米，粗0.7～1毫米，圆柱状，上部淡红黄色，下部近黄色，纤维质，黏，光滑。担孢子椭圆形或卵圆形，5～7微米×3～4微米，光滑，无色，有尖突，淀粉质。担子12～18微米×5～6微米，棍棒状，4个孢子，担子小梗长约3微米，无色。褶缘囊状体15～21微米×2～3微米，少，散生，长棒状，无色。侧生囊状体与褶缘囊状体近似。未见柄生囊状体。菌褶菌髓不规则至近规则。菌盖外皮层边缘管状，栅状排列。菌肉菌丝无色。有锁状联合，但稀少。

生　　境｜群生至丛生于阔叶林的地上。

模式标本｜标本号HMIGD 5328；毕志树等1981年6月12日采于鼎湖山老鼎及庆云寺西坡；保存于广东省科学院微生物研究所真菌标本馆（GDGM）。

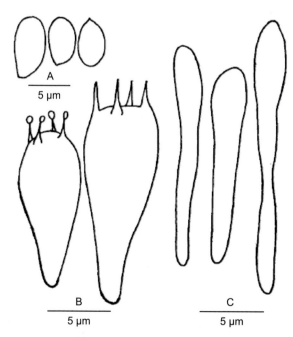

A.担孢子；B. 担子；C. 褶缘囊状体

图片来源：毕志树，等，1985. 真菌学报，4（3）：156

担子菌门 Basidiomycota　　　　　　**类脐菇科** Omphalotaceae

049 近叶生微皮伞

***Marasmiellus subepiphyllus* Z. S. Bi & G. Y. Zheng** 真菌学报，2（1）：30，1983

　　形态特征 │ 菌盖宽7～11毫米，膜质，平展至中央下凹成脐状，淡白色，被褐色绒毛，边缘延伸并有条纹。菌肉白色，极薄，无味。菌柄中生，长8～25毫米，近柄顶处粗1～1.2毫米，纤维质，上部淡白色，下部淡褐色，圆柱状，上被少量绒毛，空心。菌褶白色，不等长，盖缘处每厘米有24～26片菌褶，密，直生，有一项圈，褶缘平滑。担孢子椭圆形至瓜子形，光滑，无色，6～9微米×3～3.5微米。担子15～18微米×4.5～6微米，棒状，4个孢子，无色。侧生囊状体30～40微米×7～9微米，量少，棒状，无色。褶缘囊状体25～30微米×8～10微米，量少，囊状，无色。无柄生囊状体。菌褶菌髓为非平行型。菌盖外皮层菌丝分叉。菌肉菌丝无色，近表皮处微黄色。有锁状联合，但不明显。

　　生　　境 │ 群生于混交林中的腐木及落叶上。

　　模式标本 │ 标本号HMIGD 4288；毕志树等1980年9月5日采于鼎湖旅行社附近；保存于广东省科学院微生物研究所真菌标本馆（GDGM）。

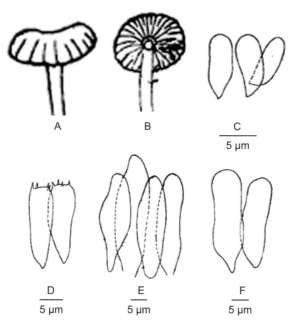

A，B. 子实体；C. 担孢子；D. 担子；E. 褶缘囊状体；F. 侧生囊状体

图片来源：毕志树，等，1983. 真菌学报，2（1）：31

担子菌门 Basidiomycota　　　　　**泡头菌科 Physalacriaceae**

050 毕氏小奥德蘑

Oudemansiella bii Z. L. Yang & L. F. Zhang　Mycotaxon，88：450，2003

≡ ***Clitocybe macrospora*** G. Y. Zheng & Loh　The microbiological journal，1（1）：28，1985

　　形态特征｜菌盖直径4～8厘米，初期扁平半球形，后平展，中部两突起，光滑，稍有皱纹，湿时稍黏滑，黄褐色、灰黄褐色至灰褐色，有时较淡呈灰黄色，中央区域颜色变深。菌肉白色，近菌柄处厚2.5毫米，往边缘逐渐变薄，受伤不变色。菌褶白色，稍稀，不等长，短延生。菌柄中生，圆柱形，往上变细，顶端近白色，近地面部分最粗，基部球根状，向下有与菌盖同色的小鳞片，中空，纤维质，被条纹状黑色鳞片，连同假根总长13～20厘米，直径0.5～1厘米，其中地上部分长5～10厘米，地下常有假根长达10厘米。担孢子12～16微米×10～13微米，宽椭圆形，光滑，无色，非淀粉质。担子45～60微米×9～15微米，棍棒状，单孢子，淡黄色。侧生囊状体85～115微米×21～30微米，少见，独生，宽棍棒状，透明。褶缘囊状体55～80微米×9～13微米，独生至聚生。无柄生囊状体。菌褶菌髓近平行，遇氢氧化钾溶液呈浅灰色。菌盖外皮层匍匐，透明至浅褐色，直径5～7微米。有锁状联合。

　　生　　境｜生于阔叶林中地上。

　　模式标本｜标本号HMIGD 4750（毕志树等750）；毕志树等1980年9月8日采于鼎湖山；保存于广东省科学院微生物研究所真菌标本馆（GDGM）。

徐隽彦©

担子菌门 Basidiomycota　　　　　　　鬼伞科（小脆柄菇科）Psathyrellaceae

051 灰白小脆柄菇

***Psathyrella griseoalba* Z. S. Bi** 真菌学报，4（3）：159，1985

形态特征 | 菌盖宽3～5毫米，白色至灰白色，钟形，中部略呈脐凸状，淡黄色，不黏，上有绒毛，从中央至盖缘有明显条纹，边缘延伸。菌肉白色，极薄，无味。菌褶浅锈褐色，盖缘处每厘米有20～22片菌褶，等长，直生，褶缘平滑。菌柄中生，长1.5～2厘米，棒状，白色，实心，纤维质，上有绒毛，基部略膨大，杵状，上有白色菌丝。担孢子椭圆形，7～9微米×3.5～5微米，光滑，锈褐色，有芽孔，芽孔处平截。担子9～18微米×4.5～6微米，棍棒状，4个孢子，无色至浅黄色。侧生囊状体20～24微米×5～6微米，少，散生，近纺锤状，顶尖或钝圆，无色。未见褶缘囊状体。柄生囊状体群生，少，35～50微米×6微米，长棍棒状，无色。菌褶菌髓为近平行型。菌盖外皮层菌丝泡囊状。菌肉菌丝无色。无锁状联合。

生　　境 | 群生至丛生于腐木上。

模式标本 | 标本号HMIGD 5213；毕志树等1981年4月7日采于鼎湖山；保存于广东省科学院微生物研究所真菌标本馆（GDGM）。

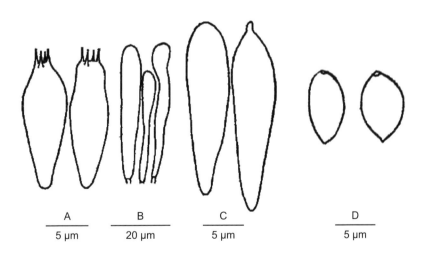

A	B	C	D
5 μm	20 μm	5 μm	5 μm

A. 担子；B. 柄生囊状体；C. 侧生囊状体；D. 担孢子
图片来源：毕志树，等，1985. 真菌学报，4（3）：160

担子菌门 Basidiomycota | 鬼伞科（小脆柄菇科）Psathyrellaceae

052 近变小脆柄菇

***Psathyrella subincerta* Z. S. Bi** 广西植物，7（1）：24，1987

形态特征 │ 菌盖宽6～40毫米，初期半球形，后平展，淡黄白色，中央区域浅褐色至褐色，上覆有丁香灰色至褐色粉末，边缘内卷，撕裂。菌肉浅橙白色，近菌柄处厚1～3毫米，近边缘处极薄，几乎消失，无味，亦无气味。菌褶褐色，盖缘处每厘米有14～22片菌褶，不等长，短延生，褶缘锯齿状。菌柄中生，长1～4.5厘米，近柄顶处粗0.5～5.5毫米，弯曲，灰白色，圆柱状，空心，纤维质，上有白色绒毛和纵条纹，柄基杵状。菌环白色，上位，单环，易脱落，不活动，幼时不明显，脱落后常只留下痕迹。孢子印紫黑色。担孢子柠檬形，9～12微米×6～7微米，光滑，有芽孔，芽孔处平截，褐色微带紫色，内壁红褐色。担子19～23微米×7～9微米，棒状，2个孢子，微黄色。无侧生囊状体。褶缘囊状体16～23微米×4～5微米，丛生，棒状至膀胱形，无色。柄生囊状体长棒状，41～70微米×4～7微米，群生，无色。菌褶菌髓为近平行型。菌盖外皮层菌丝泡囊状，13～28微米×8～13微米，2层。菌肉菌丝黄色。无锁状联合。

生　　境 │ 群生于腐木上。

模式标本 │ 标本号HMIGD 5250；毕志树等于1981年4月7日采于鼎湖山；保存于广东省科学院微生物研究所真菌标本馆（GDGM）。

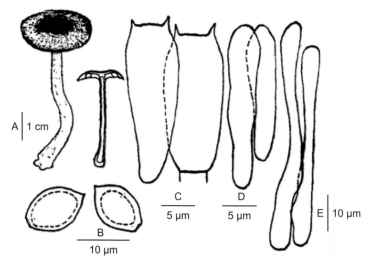

A. 子实体；B. 担孢子；C. 担子；D. 褶缘囊状体；E. 柄生囊状体
图片来源：毕志树，等，1987. 广西植物，7（1）：25

担子菌门 Basidiomycota   **球盖菇科 Strophariaceae**

053 短柄鳞伞

Pholiota brevipes **Z. S. Bi** 真菌学报，8（2）：95，1989

形态特征 │ 菌盖宽7～15毫米，小型，黄褐色，不黏，平展，中央微凹陷，上被微细绒毛，边缘内卷，撕裂。菌肉黄色，受伤不变色，味道苦。菌褶初为青黄色，后呈锈色，极密，不等长，直生至微短延生，褶缘微锯齿状。菌柄中生，短，长1.2～2厘米，粗1.5～3毫米，上部黄色，下部黄褐色，空心，纤维质，不等粗，上粗下细，上有纤毛，菌柄的上位留有轻微菌环痕迹。担孢子6～8微米×4～5微米，椭圆形，浅锈色，有顶端芽孔，芽孔处微平截，壁很薄，内含1个油滴，非类糊精质。担子未见。侧生囊状体有两型：Ⅰ型，黄色囊状体19～26微米×9～11微米；Ⅱ型，薄壁囊状体22～29微米×8～10微米。菌褶菌髓为平行型。菌盖外皮层菌丝未分化。无锁状联合。

生　　境 │ 簇生于混交林中的腐木上。

模式标本 │ 标本号HMIGD 5235；毕志树等1981年6月11日采于鼎湖山；保存于广东省科学院微生物研究所真菌标本馆（GDGM）。

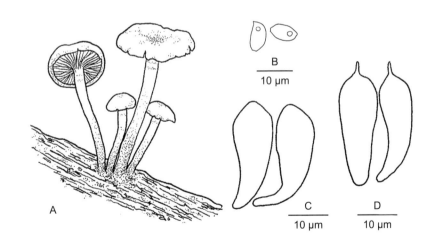

A. 子实体；B. 担孢子；C. 黄色囊状体；D. 薄壁囊状体
图片来源：毕志树，等，1989. 真菌学报，8（2）：96

担子菌门 Basidiomycota　　　　　球盖菇科 Strophariaceae

054 鼎湖鳞伞

Pholiota dinghuensis Z. S. Bi　真菌学报，4（3）：159，1985

形态特征｜菌盖宽8.5～15厘米，黄褐色，潮湿时黏，初为钟形至扁半球形，后平展，有时中央近脐凸形，常有一层白色菌幕将菌盖下面全部包裹，上有微细绒毛或光滑。菌肉白色带黄色，近菌柄处厚6～10毫米，无味。菌柄中生，长7～9厘米，粗7～15毫米，弯曲，灰白色至浅褐色，圆柱状，初实心，后变空心，上有绒毛。菌环生于菌柄上部，单环，上表面褐色，有纵条纹和绒毛，下表面白色带黄色，下表面亦被绒毛，易脱落，不活动。菌褶锈褐色，盖缘处每厘米有6～7片菌褶，直生，不等长，褶缘波状。孢子印锈色。担孢子椭圆形，有芽孔，芽孔处略平截，一端钝圆，一端有尖突，光滑，在显微镜下为浅黄褐色，7～10微米×4～5.3微米，内含1个或2个油球。担子23～30微米×6～7微米，棒状，4个孢子，担子小梗长3～5微米，无色至淡黄色。侧生囊状体36～45微米×7～15微米，很少，单生，近梭状，无色。褶缘囊状体30～45微米×9～12微米，少，单生，近梭状，无色。柄生囊状体棒状，30～60微米×10～12微米，少，无色。菌褶菌髓为平行型。菌盖外皮层菌丝管状。菌肉菌丝淡黄色。无锁状联合。

生　　境｜群生至簇生于阔叶林中桑科植物九丁榕（*Ficus nervosa* Heyne ex Roth）和无患子科（Sapindaceae）植物韶子（*Nephelium chryseum* Blume）的活树干或基部上。

模式标本｜标本号HMIGD 4492；毕志树等1980年8月19日和1981年9月18日采于鼎湖山；保存于广东省科学院微生物研究所真菌标本馆（GDGM）。

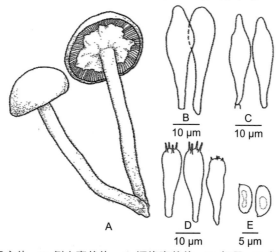

A. 子实体；B. 侧生囊状体；C. 褶缘囊状体；D. 担子；E. 担孢子
图片来源：毕志树，等，1985. 真菌学报，4（3）：158

担子菌门 Basidiomycota　　　　　　球盖菇科 Strophariaceae

055 红鳞伞

***Pholiota rubra* Z. S. Bi & Loh** The microbiological journal，1（1）：29，1985

形态特征 ｜ 子实体小型。菌盖直径1～1.5厘米，干，红色，扁平状半球形至钟形，被软毛，中央区丛生毛发状鳞片，边缘平滑。菌肉白色兼淡黄色，薄而无味。菌柄中生，长3～3.5厘米，粗2～3毫米，红色，近菌盖处白色，圆柱状，中空，肉质，被软毛。菌环红色，上位生，单生，坚硬。菌褶锈褐色，稍密，不等长，并生，边缘有微小锯齿。担孢子椭圆形至卵形，光滑，赤褐色，5～8微米×3～3.5微米，内含1个油球，类糊精质。担子棍棒状，16～21微米×3～6微米，4个孢子，淡黄色。囊状体少见。褶缘囊状体棍棒状，36～43微米×6～8微米，少见，透明。未见柄生囊状体。菌褶菌髓近平行。菌盖外皮层为管状结构，顶端钝，不规则排列。菌肉菌丝淡黄色。有锁状联合。

生　　　境 ｜ 聚生于混交林的地面。

模式标本 ｜ 标本号HMIGD 4445，5307（毕志树等445，1307）；毕志树等1980年8月16日和1981年10月15日采于鼎湖山；保存于广东省科学院微生物研究所真菌标本馆（GDGM）。

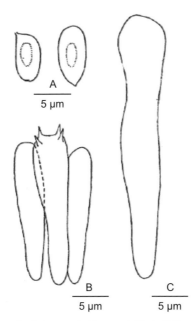

A. 担孢子；B. 担子；C. 褶缘囊状体

图片来源：Bi Zhishu，et al.，1985. The microbiological journal，1（1）：29

担子菌门 Basidiomycota | 口（白）蘑科 Tricholomataceae

056 五瓣口蘑小变种

***Tricholoma quinquepartitum* var. *minor* Z. S. Bi & G. Y. Zheng** The microbiological journal，1（1）：26，1985

形态特征 | 菌盖直径6～25毫米，扁平状半球形至凸圆形，有不明显的脐，浅灰橙色至浅褐橙色，中央区域浅褐色，黏质，被不明显下陷的辐射状条纹，边缘内卷。菌肉白色，受伤变黑红色，近菌柄处厚0.7～2毫米，往边缘处逐渐变薄并消失。菌褶浅黄白色，稍密，并生至附生，边缘波状。菌柄中生，棍棒状，长2.5～3.8毫米，粗1.5～6毫米，白色或浅灰橙色，有软毛和条纹。孢子印白色。担孢子梨形至椭圆形，6～9微米×3～3.5微米，光滑，透明。担子棍棒状，22～30微米×5.5～6.4微米，四分孢子，孢子小梗长2～2.5微米，微黄色至浅黄色。侧生囊状体棍棒状，30～38微米×5～6.8微米，散生。褶缘囊状体棍棒状，丛生，30～35微米×6～7微米。菌褶菌髓近平行。菌盖外皮层未分化，平铺，有稀疏软毛。有锁状联合。

生　　境 | 聚生于混交林的地面上。

模式标本 | 标本号HMIGD 5507（毕志树等1507）；毕志树等1981年5月30日采于鼎湖山；保存于广东省科学院微生物研究所真菌标本馆（GDGM）。

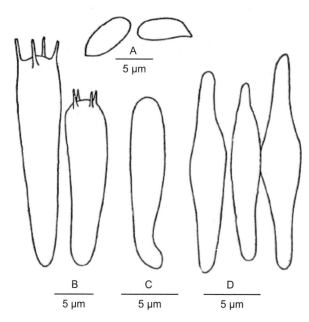

A. 担孢子；B. 担子；C. 褶缘囊状体；D. 侧生囊状体

图片来源：Bi Zhishu, et al., 1985. The microbiological journal, 1（1）：26

担子菌门 Basidiomycota | 未定科 Incertae sedis

057 鳞杯伞

***Clitocybe furfuracea* Z. S. Bi** 广西植物，5（4）：365，1985

形态特征｜菌盖宽3.5～4.2厘米，下陷，干，浅黄褐色，中部颜色较深，被贴生易脱落鳞片，边缘内卷。菌肉白色，薄。菌柄与菌盖同色，长3.5～5厘米，粗4～7毫米，棒状。菌褶黄色，盖缘处每厘米有9～11片菌褶，等长，延生。孢子印白色。担孢子倒卵形至椭圆形，9～13微米×4～5微米，无色至浅黄色，内含1个明显油球，光滑，类糊精质。担子棒状，28～33微米×4.5～7微米，4个孢子，担子小梗长1.5～4微米。侧生囊状体或褶缘囊状体均为棒状至近梭形，浅黄色，40～60微米×10～20微米。菌褶菌髓为近平行型，遇氢氧化钾溶液呈浅黄色。菌盖外皮层菌丝未分化。菌肉菌丝浅黄色，遇氢氧化钾溶液呈浅黄色至黄褐色，遇Melzer试剂呈黄褐色。无锁状联合。

生　　境｜单生于混交林中的地上。

模式标本｜标本号HMIGD 4076；毕志树等1980年4月16日采于鼎湖山；保存于广东省科学院微生物研究所真菌标本馆（GDGM）。

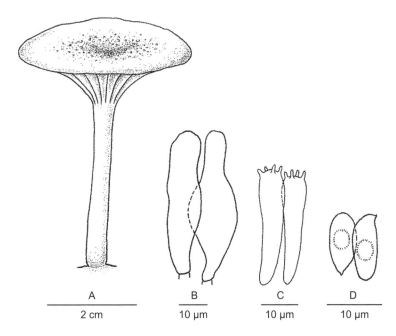

A．子实体；B．侧生囊状体；C．担子；D．担孢子

图片来源：毕志树，等，1985. 广西植物，5（4）：367

担子菌门 Basidiomycota   未定科 Incertae sedis

058 红黄拟口蘑

***Tricholomopsis rubroaurantiaca* Hosen & T. H. Li** Mycoscience，61：343，2020

形态特征 │ 菌盖宽2.5～4厘米，半球状，凸至平展，干燥，无水浸状，浅橘色至黄橘色，边缘色浅，无条纹，中央深红色至红褐色，表面致密地覆盖放射状竖立的小纤维或鳞屑。菌肉厚1.5～2毫米，白色，受伤不变色。菌褶宽2.5～3.5毫米，弯曲至贴生，密，污白色、黄白色至浅黄色，小菌褶常见，3片或4片，与菌褶同色。菌柄25～35微米×4～5毫米，中生，略偏生，柱状，略弯曲，近无毛，灰棕色至红棕色，中空，受伤不变色。菌环未见。担孢子5～5.8微米×4～5微米，近球状至宽椭圆状，少有球状，壁薄，光滑，透明，非淀粉质。担子20～25微米×5～7微米，2～4个孢子，窄棒状至棒状，担子小梗长至3微米，光滑，透明，壁薄，担子基部有锁状联合。褶缘囊状体40～80微米×9～20微米，棒状至宽棒状，少有纺锤状，透明光滑，基部有锁状联合。未见侧生囊状体。菌褶菌髓规则至近规则。盖皮层真皮状，黄色至黄棕色。菌柄皮层真皮状。有锁状联合。

生　　境 │ 在靠近竹子的地上单生或成小簇。

模式标本 │ 标本号GDGM 61492；Md. Iqbal Hosen、宋斌和李挺2018年7月10日采于鼎湖山；保存于广东省科学院微生物研究所真菌标本馆（GDGM）。

李挺©

059 胶黏金牛肝菌

Aureoboletus viscosus（Z. S. Bi & Loh）G. Wu & Z. L. Yang Fungal diversity，81：54，2016

≡ *Boletellus viscosus* Z. S. Bi & Loh 云南植物研究，4（1）：55，1982

形态特征｜菌盖宽5～9.5厘米，上覆一薄层透明黏液，极胶黏，光滑，初期扁球形，后渐呈平展凸形，表面有陷窝，灰褐色至红褐色，肉质，上有绒毛呈网纹状，边缘延伸、波状。菌肉橙黄色，厚7毫米，受伤变血红色，无味。菌管表面黄色或略带绿色，管长5～20毫米，受伤不变色，菌管层在菌柄周围下陷至离生；菌孔圆形，直径0.5～1毫米，与菌管同色。菌柄长14～25厘米，粗5～10毫米，细长，上部灰褐色，下部红褐色，有黏液，圆柱形，空心，光滑，上有纵条纹，基部略膨大。菌环上位，单环，上表面污绿色，下表面白色，活动，易脱落。担孢子宽椭圆形至近球形，有纵纹棱，黄褐色，10.5～14微米×9～10.5微米。担子17～21微米×7～8微米，棒状，顶端膨大，近圆形，具双孢，无色。侧生囊状体25～30微米×8～10微米，棒状，散生，少。菌管菌髓为非平行型。菌肉菌丝无色至淡黄色。有锁状联合。

生　　　境｜单生至散生于阔叶林的地上。

模式标本｜标本号HMIGD 4733；毕志树等1980年7月16日和9月8日采于鼎湖山；保存于广东省科学院微生物研究所真菌标本馆（GDGM）。

张明©

担子菌门 Basidiomycota　　牛肝菌科 Boletaceae

060 辐射状条孢牛肝菌

***Boletellus radiatus* Z. S. Bi** 真菌学报，3（4）：200，1984

形态特征 │ 菌盖宽3厘米，扁半球形，不黏，茶褐色，上有绒毛。菌肉灰白色，受伤变淡褐色，近菌柄处厚约1毫米，无味。菌柄中生，长4厘米，直径3毫米，与菌盖同色，圆柱形，实心，上被绒毛。菌管表面茶褐色，轻触时变黑色；菌孔圆形，每毫米1～1.5个，近菌柄处的菌孔似褶状，短延生，呈辐射状排列。担孢子椭圆形，个别为宽椭圆形，壁厚，10～13微米×5～8微米，上有纵条纹，个别光滑（可能未成熟），黄褐色。担子13～18微米×6～8微米，棍棒状，顶端钝圆，3个或4个孢子，无色。侧生囊状体32～47微米×7～10微米，群生，多，腹鼓喙状。褶缘囊状体18～25微米×5～10微米，单生，甚少，腹鼓喙状。柄生囊状体25～33微米×10～13微米，丛生，多，棒状，顶端膨大，有的基部数个相连。菌管菌髓为平行型或反面侧向型。菌盖外皮层菌丝分枝，有分隔，粗4～5微米。无锁状联合。

生　　境 │ 单生于混交林的地上。

模式标本 │ 标本号HMIGD 4776；毕志树1980年9月9日采自鼎湖山树木园门前；保存于广东省科学院微生物研究所真菌标本馆（GDGM）。

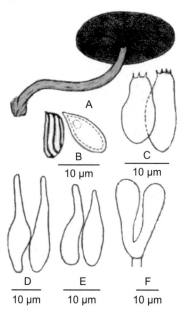

A. 子实体；B. 担孢子；C. 担子；D. 侧生囊状体；E. 褶缘囊状体；F. 柄生囊状体
图片来源：毕志树，等，1984. 真菌学报，3（4）：200

担子菌门 Basidiomycota | 牛肝菌科 Boletaceae

061 普通条孢牛肝菌

***Boletellus vulgaris* Z. S. Bi** 云南植物研究，4（1）：57，1982

形态特征 | 菌盖宽1.6厘米，黏，黄褐色，边缘土黄色，平展至脐凸形，上有绒毛，边缘延伸并整齐。菌肉白色，受伤不变色，厚约3毫米，无味。菌柄中生，黄褐色，长5厘米，直径3毫米，略弯曲，圆柱形，实心，基部稍膨大，上有绒毛，菌柄表皮易剥落。菌管紫色，受伤不变色，长3毫米，与菌柄垂直；菌孔角形，直径1毫米。担孢子纺锤形，在显微镜下呈淡红紫色，具小疣，12～13微米×6.6～9微米。

生　　境 | 单生于阔叶林的地上。

模式标本 | 标本号HMIGD 4454；毕志树等1980年7月19日采于鼎湖山庆云寺附近；保存于广东省科学院微生物研究所真菌标本馆（GDGM）。

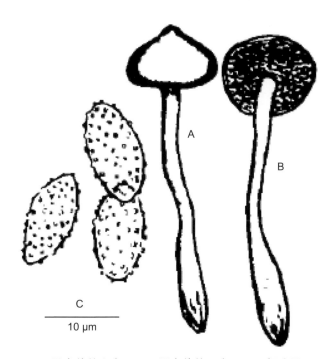

A. 子实体的上表面；B. 子实体的下表面；C. 担孢子
图片来源：毕志树，等，1982. 云南植物研究，4（1）：56

担子菌门 Basidiomycota　　　　　　　　　　牛肝菌科 Boletaceae

062 小橙黄牛肝菌

***Boletus miniatoaurantiacus* Z. S. Bi & Loh** 云南植物研究，4（1）：60，1982

　　形态特征｜菌盖宽1～1.6厘米，干，扁半球形，橙黄色，密生微细绒毛。菌肉黄色，受伤不变色，近菌柄处厚2～3厘米，无味道和气味。菌柄中生，长3～3.3厘米，粗3～6毫米，白色，下部呈黄色，近柱状，实心，上有绒毛。菌管白色，受伤不变色，与菌柄附着延生，管长3毫米，易剥离；菌孔圆形，大，直径约3毫米。担孢子椭圆形，光滑，浅黄色，7～10微米×3.3～4微米，内多含1个油球。只见侧生囊状体。担子30微米×7.3微米，棒状，无色。侧生囊状体35微米×6.5微米，很少。菌管菌髓为平行型或正面侧向型。菌盖外皮层菌丝淡黄色，枝生，粗3～4.5微米。无锁状联合。

　　生　　境｜簇生至群生于混交林靠近豆科（Leguminosae）植物羊蹄甲（*Bauhinia purpurea* L.）的地上。

　　模式标本｜标本号HMIGD 4677；毕志树等1980年9月6日采于鼎湖山疗养院门前路旁；保存于广东省科学院微生物研究所真菌标本馆（GDGM）。

李挺 ©

063 拟细牛肝菌

***Boletus pseudoparvulus* Z. S. Bi** 云南植物研究，4（1）：61，1982

形态特征 | 菌盖宽1.3～4.7厘米，凸镜形，黏，紫红色，上有白色绒毛，边缘微内卷。菌肉白色，近菌柄处厚3～7毫米，受伤变淡紫红色，有苦味，无气味。菌柄中生，长2～4.3厘米，粗4～14毫米，淡褐色，圆柱状，实心，向下有时略膨大，上有短的白绒毛和条纹。菌管白色，管里肉色，受伤变浅褐色，管长1～3.5毫米，易剥离；菌孔圆形，每毫米4～5个，与菌柄离生或成缺刻附生。担孢子长椭圆形，光滑，无色，6.6～10微米×3～3.3微米。担子18×7微米，棒状，顶部膨大，具双孢，无色。侧生囊状体17～25微米×6～7微米，棒状，少。管缘囊状体10～12微米×5～5.5微米，棒状，少。无柄生囊状体。菌管菌髓为反面侧向型。菌盖外皮层菌丝分化不明显。菌肉菌丝无色。无锁状联合。

生　　境 | 群生于针叶林中壳斗科植物锥栗和桃金娘科植物桉根部周围地上。

模式标本 | 标本号HMIGD 4660；毕志树等1980年9月6日采于鼎湖山地质疗养院后坡上；保存于广东省科学院微生物研究所真菌标本馆（GDGM）。

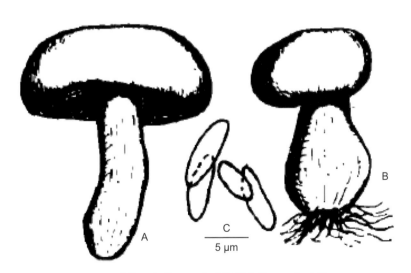

A. 成熟子实体；B. 未成熟子实体；C. 担孢子
图片来源：毕志树，等，1982. 云南植物研究，4（1）：56

担子菌门 Basidiomycota　　　　　　　　牛肝菌科 Boletaceae

064 美牛肝菌

***Boletus puellaris* Z. S. Bi & Loh**　云南植物研究，4（1）：58，1982

　　形态特征│菌盖宽1.5～5厘米，黏，凸镜形，淡茶褐色至茶褐色，上有短绒毛，边缘内卷。菌肉白色，受伤变微红色，近菌柄处厚2～6毫米，无味。菌柄中生，长2.2～5.5厘米，粗4～10毫米，白色带黄色，圆柱状，实心，上有棕褐色绒毛，有云母光泽。菌管黄色，受伤不变色，菌管层在菌柄四周下陷或短延生，管长3～7毫米，不易剥离；菌孔圆形至角形，每毫米1～3个。担孢子椭圆形至梭形，光滑，浅黄色，一端有芽孔，10～11微米×3.5～5微米，内含1个油球。担子28微米×6微米，棒状，具2～3个孢子。未见囊状体。菌管菌髓为平行型。菌盖的外皮层菌丝膨大成近圆形。菌肉菌丝未见锁状联合。

　　生　　　境│群生至簇生于混交林的地上。

　　模式标本│标本号HMIGD 4630；毕志树等1980年9月5日采于鼎湖山鼎湖旅行社后坡；保存于广东省科学院微生物研究所真菌标本馆（GDGM）。

A. 子实体；B. 担孢子

图片来源：毕志树，等，1982. 云南植物研究，4（1）：56

065 变红褐色牛肝菌

***Boletus rufobrunnescens* Z. S. Bi** 真菌学报，3（4）：202，1984

形态特征｜菌盖宽1.7～2.9厘米，幼时黄色，后期浅黄色，初期凸镜形，后平展，光滑，后期表皮龟裂，边缘整齐。菌肉白色，受伤变淡红褐色，近菌柄处厚4～7毫米，近边缘处1.5～2毫米，无味，气味略臭。菌管表面初呈淡橙红色，后呈淡橙黄色，管里浅黄绿色，幼时受伤变红褐色，中期至后期受伤变红褐色微带蓝色，管长1～6.5毫米，易剥离，直生或延生至柄周凹陷；菌孔小，每毫米2～3个，角形。菌柄中生，长3.2～4.8厘米，粗5～7毫米，弯曲，圆柱状，浅黄色，受伤变红褐色，实心，柄基杵状，被短绒毛和纵条纹。担孢子椭圆形，6～10微米×4～6微米，光滑，浅黄褐色，内含1个或2个油滴。担子30～38微米×7～9.7微米，棒状，4个孢子。侧生囊状体48～80微米×9～13微米，多散生至丛生，纺锤形。管缘囊状体41～58微米×7～13微米，其他与侧生囊状体相同。菌管菌髓为正面侧向型至近平行型。菌盖表皮少部分向外分化成管状菌丝，直径1～3.5微米。菌肉菌丝无色。无锁状联合。各部分组织伤变均呈红褐色为其明显特征。

生　　　境｜生于混交林的地上。

模式标本｜标本号HMIGD 5070（毕志树等1070）；毕志树等1981年6月10日采于鼎湖山鼎湖旅行社对面山坡；保存于广东省科学院微生物研究所真菌标本馆（GDGM）。

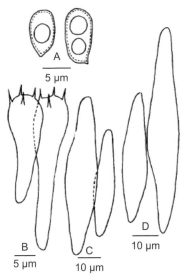

A. 担孢子；B. 担子；C. 管缘囊状体；D. 侧生囊状体

图片来源：毕志树，等，1984. 真菌学报，3（4）：203

担子菌门 Basidiomycota　　　　　　　　牛肝菌科 Boletaceae

066 亚黄褐牛肝菌

***Boletus subfulvus* Z. S. Bi** 真菌学报，3（4）：201，1984

形态特征｜菌盖宽2.3～6.8厘米，黄褐色至橙褐色，个别为灰黄色，色泽变化不一，干至稍黏，扁半球形，后平展，被平状绒毛，老时光滑，有皱纹，边缘延伸，整齐。菌肉白色至浅黄色，受伤不变色，近菌柄处厚3.5～16毫米，近边缘处几乎消失，无味。菌管表面黄色，受伤不变色，直生或以缺刻延生，管长2～7毫米，易剥离；菌孔角形，每毫米1～2个。菌柄中生，长2.3～5.5厘米，近柄顶处粗7～20毫米，灰黄色至黄色，圆柱状，实心，被绒毛和条纹，上部有网纹或缺。担孢子椭圆形，7～12微米×4～6.5微米，光滑，淡黄色。担子21～24微米×7～8微米，棒状，4个孢子。侧生囊状体46～47微米×7～10微米，不多，锥状或顶端分叉。管缘囊状体46～68微米×9～19微米，多，锥状。柄生囊状体46.5～56微米×7～9微米，少，棒状。菌管菌髓为正面侧向型。菌盖表皮菌丝大多膨大成细胞状，粗6～12微米；菌盖外皮层菌丝交错直立，分隔明显，管状，少数顶端分叉，直径5～6微米。菌肉菌丝无色。无锁状联合。

生　　境｜单生于混交林靠近壳斗科植物鳞荷锥［*Castanopsis fissa*（Champ. ex Benth.）Rehder & E. H. Wilson］和松科（Pinaceae）植物马尾松（*Pinus massoniana* Lamb.）的地上。

模式标本｜标本号HMIGD 5124（毕志树等1124）；毕志树等1981年6月21日采于鼎湖山地震台后山坡；保存于广东省科学院微生物研究所真菌标本馆（GDGM）。

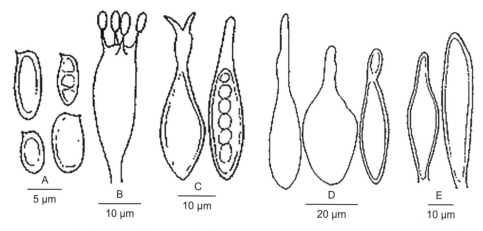

A. 担孢子；B. 担子；C. 侧生囊状体；D. 管缘囊状体；E. 柄生囊状体

图片来源：毕志树，等，1984. 真菌学报，3（4）：202

| 担子菌门 Basidiomycota | 牛肝菌科 Boletaceae |

067 近浅灰色牛肝菌

***Boletus subgriseus* Z. S. Bi** 真菌学报，3（4）：203，1984

形态特征 │ 菌盖宽4.3～7厘米，不黏，褐色至红褐色或锈色，遇氢氧化铵溶液不变色，遇氢氧化钾溶液呈黄褐色至咖啡色，凸镜形，被密生平贴羊毛状绒毛，或近光滑，边缘整齐。菌肉白色，受伤不变色或变微红色至褐色，近菌柄处厚7～13毫米，近边缘处厚2毫米，味甘。菌管表面白色至黄色，受伤变褐色，直生至延生，管长1.5～7毫米，不易剥离；菌孔圆形至角形，每毫米2～3个，细小。菌柄中生至偏生，长3～4.5厘米，粗7～22毫米，弯曲，褐色至紫红褐色，圆柱状，实心，柄基膨大，被绒毛和纵条纹。担孢子长椭圆形，6～13微米×3～5微米，光滑，浅黄色，内含1～3个油球。担子21～28微米×8微米，棒状，2～4个孢子，黄色。侧生囊状体54～96微米×13～19微米，单生至群生，近长梭形，黄色。管缘囊状体32～42微米×8～13微米，棒状，黄色。柄生囊状体35～58微米×13～19微米，丛生，近梭形至棒形，黄色。菌管菌髓为平行型。菌盖外皮层菌丝栅状排列，粗4～5微米。菌肉菌丝无色至浅黄色。无锁状联合。

生　　境 │ 单生至群生于阔叶林的地上。

模式标本 │ 标本号HMIGD 5052（毕志树等1052）；毕志树等1981年7月15日采于鼎湖山庆云寺护林站附近；保存于广东省科学院微生物研究所真菌标本馆（GDGM）。

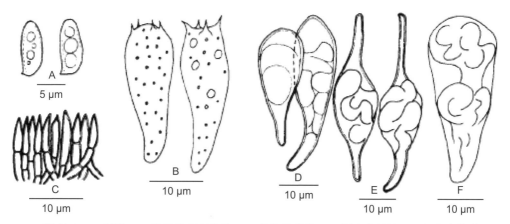

A. 担孢子；B. 担子；C. 菌盖外皮层菌丝；D. 管缘囊状体；E. 侧生囊状体；F. 柄生囊状体
图片来源：毕志树，等，1984. 真菌学报，3（4）：203

担子菌门 Basidiomycota　　　　　　　　　牛肝菌科 Boletaceae

068 双孢洛腹菌

Rossbeevera bispora（B. C. Zhang & Y. N. Yu）T. Lebel & Orihara　Fungal diversity，52：58，2012

≡ *Chamonixia bispora* B. C. Zhang & Y. N. Yu　Mycotaxon，35（2）：278，1989

形态特征 ｜ 子实体表生，近球形至扁平形，最大部分11～20毫米，新鲜时肉质，干后结实，具柄，有基部根状体附属物。孢囊被断面很薄，新鲜时白色至浅灰褐色，干后为浅灰褐色、赭色至中等褐色。产孢组织幼时浅褐色，长成后变成黑褐色，新鲜时切割面深蓝色并有黏性，具众多腔室，每毫米1～4个，空或充满孢子。未见中轴。有不育基部，小。菌髓板部分或全部呈胶状，厚150～240微米，由宽的子实层体菌髓和发育的薄子实下层构成。未见锁状联合。担孢子均衡，包括脊状突起在内15～21微米×10～12微米，椭圆形至短拟纺锤形，顶端钝，偶尖，壁厚至1微米，表面具3～4条可达2微米的纵肋，从顶端看，以不规则三角形或四边形出现，脐附器明显，长0.5～2微米，常有末端孢子小梗附属物，具1个或2个油滴。担子棍棒状至近圆柱形，短，具2个孢子，孢子小梗有时可高达5微米，易萎陷。子实下层发育不足，厚10～20微米，为拟（假）薄壁组织。子实层体菌髓多样，厚80～160微米，由直径2～4微米的松散相互交织的透明菌丝组成，胶状。小包皮层160～240微米厚，为匍匐外皮层，由直径2～3微米的平行薄壁菌丝组成。

生　　　境 ｜ 单生于阔叶林的地面上。

模式标本 ｜ 标本号HMIGD 5688；郑婉玲和梁建庆1982年10月13日采于鼎湖山庆云寺附近阔叶林的地面上；保存于广东省科学院微生物研究所真菌标本馆（GDGM）。

张明©

担子菌门 Basidiomycota | 牛肝菌科 Boletaceae

069 孔褶绒盖牛肝菌

Xerocomus porophyllus **T. H. Li, W. J. Yan & M. Zhang** Mycotaxon，124：257，2013

形态特征 │ 菌盖直径50～80毫米，肉质，凸圆形，长大后平展至边缘外卷，表面干，平滑，略被绒毛、编织状绒毛至略带皮屑，常见隐约细小的裂缝，浅灰暗红色。菌柄端菌肉厚5～20毫米，白色至米色，有时会透浅浅的桃粉红色，受伤不变色，气味和味道中等。子实层体浅褐橙色，厚2～5毫米，向下延生，菌褶分布在菌柄附近，并高度融合，在菌盖边缘趋于孔状或蜂窝状，48～76片，菌盖边缘小孔孔径1.5～3毫米。菌柄圆柱形，长33～45毫米，顶端直径5～15毫米，基部变细，干，浅黄色至淡黄色，幼时硬，长大后中空，有白色菌丝体；菌柄菌肉白色，暴露在空气中不变色或变淡桃红色。担孢子5.5～12.8微米×4～7微米，椭圆形，光学显微镜下光滑，但是在电子显微镜下则接近光滑至有许多细微皱纹或不平。担子28～34微米×8～11微米，棍棒状，2～4个孢子，透明，孢子小梗长2～8微米。侧生囊状体42～68微米×9～12.5微米，纺锤形，壁薄，透明。无柄生囊状体和褶缘囊状体。子实层体菌髓近平行至几乎与侧面层菌丝对向疏散排列，透明，宽4.5～19微米。菌盖皮层由一束束竖立的菌丝组成，菌丝粗4～21微米，终端细胞11～55微米×4.5～20微米，棍棒状，淡褐黄色至淡黄色。所有组织中均不存在锁状联合。

生　　境 │ 单生或丛生于松科植物马尾松和其他阔叶树组成的混交林中山茶科植物木荷下的土壤上。

模式标本 │ 标本号GDGM 30303；李泰辉、闫文娟和黄浩2012年5月17日采于鼎湖山；保存于广东省科学院微生物研究所真菌标本馆（GDGM）。

黄浩 提供

李泰辉 提供

担子菌门 Basidiomycota	圆孔牛肝菌科 Gyroporaceae

070 褐丛毛圆孔牛肝菌

***Gyroporus brunneofloccosus* T. H. Li, W. Q. Deng & B. Song** Fungal diversity，12：123，2003

形态特征 │ 菌盖直径35～80毫米，半球形、凸圆形至平展，淡褐橙色至浅褐色，干，不黏，菌盖和菌柄细纤维状，鳞状丛毛至粗绒毛上被长的细发或绒毛。菌肉白色，暴露在空气中时，初期呈浅蓝绿色，后渐变为深蓝绿色或深蓝色，气味和味道均不明显，菌柄处厚6～10毫米。管状器官深3～8毫米，淡黄白色至浅黄色，蓝色，并生至短延生或在菌柄附近下陷，可与菌肉分离；菌孔浅黄白色至浅黄色，每毫米1～2个，近角形至角形，受伤呈浅蓝绿色，后变深蓝绿色或深蓝色。菌柄中生，长3～7厘米，顶端直径1～2厘米，粗壮并在中部或基部增大，纺锤形至倒棍棒状，最粗部常有模糊的细纤维环，与菌盖同色，被绒毛至紧贴细纤维，幼时尤其是在下部被鳞状丛毛，非网状，肉质，成熟时呈海绵状中空，切开时变蓝。担孢子5～9.5微米×4～6微米，宽椭圆形，光滑，浅黄色。担子20～30微米×8～10.5微米，棍棒状，4个孢子。褶缘囊状体30～40微米×8～10微米，丰富，棍棒状。无侧生囊状体。子实层体菌髓近平行至轻微分叉，浅黄色。菌盖皮层为有毛真皮，附一束束辐射状平行褐色菌丝，终端呈分管状，长90～160微米，粗7.5～12微米。存在规律的锁状联合。

生　　境 │ 散生、聚生至近丛生于混交林或马尾松林下近松科植物马尾松的土壤上。

模式标本 │ 标本号HMIGD 4920；李崇和梁建庆1981年5月16日采于鼎湖山；保存于广东省科学院微生物研究所真菌标本馆（GDGM）。

徐隽彦 提供

李泰辉 提供

071 类小牛肝菌（乳牛肝菌）

Suillus cavipoides （**Z. S. Bi & G. Y. Zheng**）**Q. B. Wang & Y. J. Yao** Mycotaxon，89（2）：343，2004

≡ ***Boletinus cavipoides*** **Z. S. Bi & G. Y. Zheng** 云南植物研究，4（1）：58，1982

形态特征 | 菌盖宽2～5.2厘米，扁半球形，渐平展，黏，黄色带白色，肉质，上有白色绒毛，边缘波状且有1条褐线。菌肉黄色带白色，近菌柄处厚约10毫米，向边缘处渐消失，受伤不变色，无味。菌柄偏生，与菌盖同色，长3.5～4厘米，直径7～10毫米，圆柱状，实心，上有绒毛。菌管黄色，受伤不变色，管长2～4毫米，易剥离，与菌柄呈缺齿延生；菌孔角形至不规则形，呈放射状排列，每毫米1～2个，大。担孢子椭圆形，光滑，在显微镜下为浅黄色，7～10.5微米×3～3.5微米，内含1个油球。担子15～24微米×5～7微米，棒状，顶部略膨大，具双孢。侧生囊状体28～43微米×5～7微米，多，棒状，淡黄色。管缘囊状体35～63微米×6～7微米，棒状，集中，呈栅栏状排列，多，表面粗糙，淡黄色。菌管菌髓为正面侧向型。菌盖外皮层由已分化的枝生菌丝组成。菌肉菌丝淡黄色。无锁状联合。

生　　境 | 群生于阔叶林的地上。

模式标本 | 标本号HMIGD 4737；毕志树等1980年9月8日采于鼎湖山草塘附近；保存于广东省科学院微生物研究所真菌标本馆（GDGM）。

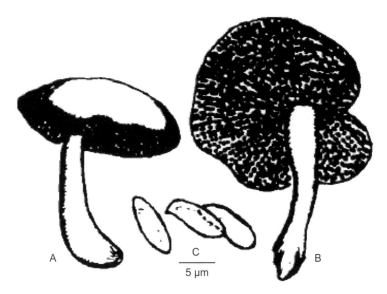

A. 子实体的上表面；B. 子实体的下表面；C. 担孢子

图片来源：毕志树，等，1982. 云南植物研究，4（1）：56

担子菌门 Basidiomycota 乳牛肝菌科 Suillaceae

072 胶质乳牛肝菌

***Suillus gloeous* Z. S. Bi & T. H. Li** 真菌学报，9（1）：21，1990

形态特征 | 菌盖宽2～3厘米，平展，污白色带黄色，黏，光滑，表面散生有不少黄褐色状如小点的胶质分泌物，肉质，边缘整齐。菌肉黄白色，受伤不变色，薄，无味道和气味。菌管表面黄色，管里与管表同色，受伤不变色，上密生黄褐色至黑色胶质分泌物小点。菌柄中生，长2～3.5厘米，粗4～7毫米，淡红色，圆柱状，上生黑色胶质分泌物小点。担孢子卵圆形，6～8微米×4～5微米，光滑，淡黄色，周边色较为暗淡，有尖突。担子棒状，30～34微米×9～10微米，2～4个孢子，担子小梗长2～3微米，无色至淡黄色。侧生囊状体和管缘囊状体相似，纺锤状，50～85微米×9.5～12微米，散生，多，淡黄色。未见柄生囊状体。菌管菌髓为两侧型。菌盖外皮层为黏毛皮层，淡黄褐色。无锁状联合。

生　境 | 丛生于混交林中的地上。

模式标本 | 标本号HMIGD 11726（毕志树和李泰辉11726）；毕志树和李泰辉1987年5月22日采于鼎湖山（海拔150米）；保存于广东省科学院微生物研究所真菌标本馆（GDGM）。

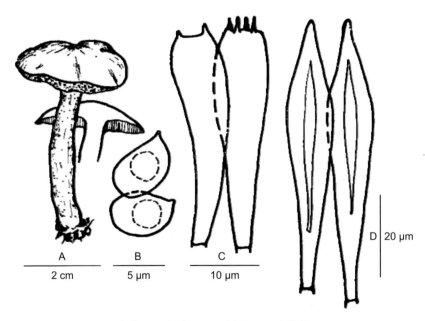

A. 子实体；B. 担孢子；C. 担子；D. 囊状体

图片来源：毕志树，等，1990. 真菌学报，9（1）：22

担子菌门 Basidiomycota　　　　　刺（锈）革菌科 Hymenochaetaceae

073 近多年生钹孔菌

Coltricia subperennis（Z. S. Bi & G. Y. Zheng）G. Y. Zheng & Z. S. Bi　The macrofungus flora of China's Guangdong Province：132，1993

≡ *Polyporus subperennis* Z. S. Bi & G. Y. Zheng 真菌学报，1（2）：76，1982

形态特征 | 子实体木生。菌盖扇形至近圆形，中央常下凹而成近漏斗状，直径 2～10.5毫米，厚约0.5毫米，褐色，遇氢氧化钾溶液变黑色，被有光泽的绒毛，下凹部的绒毛较粗且直立，而周围的则平伏，直立的粗毛由表皮细胞发育而成，末端常分叉，具不明显环纹，革质。菌管表面褐橙色；菌孔不规则角形，常延生于菌柄上，每毫米2～3个。菌柄侧生，有时近偏生，长5～15毫米，近菌柄处粗0.7～1.5毫米，黄褐色，被绒毛，该毛在基部处较密。菌肉褐色，厚0.2～0.3毫米。单型菌丝系统，生殖菌丝直径3～6微米，分枝，有隔膜，但无锁状联合。未见担子和侧丝。担孢子椭圆形，5～6微米×3～3.5微米，光滑，无色，或微黄色，常见小油滴。

生　　境 | 生于阔叶林中五加科（Araliaceae）植物鹅掌柴[*Heptapleurum heptaphyllum*（L.）Y. F. Deng]的腐树皮上。

模式标本 | 标本号HMIGD 4954；毕志树等1981年6月27日采于鼎湖山庆云寺附近；保存于广东省科学院微生物研究所真菌标本馆（GDGM）。

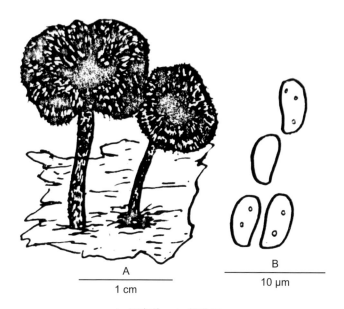

A. 子实体；B. 担孢子

图片来源：Bi Zhishu，et al.，1993. The macrofungus flora of China's Guangdong Province：608

担子菌门 Basidiomycota   原毛平革菌科 Phanerochaetaceae

074 广东原毛平革菌

Phanerochaete guangdongensis **C. C. Chen, Sheng H. Wu & S. H. He** Fungal diversity，111：380，2021

　　形态特征｜子实体一年生，延展，贴生，膜质至近蜡质，厚180微米。子实层表面象牙白、奶油黄至棕色，光滑，边缘浅色或与子实层表面同色，边缘薄，被霜。菌丝系统单系，生殖菌丝单隔。菌丝层由薄的、质地致密的基础层和髓层组成。基础层厚25微米，髓层厚160微米。菌丝层菌丝水平兼垂直于子实下层，无色，直，分叉，交织，直径2～6.5微米，壁厚0.5～1.8微米。担子24～31微米×5～6微米，棍棒状，壁薄，4小梗。有薄壁囊状体，带有次生隔板58～65微米×4.5～9微米。担孢子6.2～7.8微米×2.4～3微米，柱状至窄柱状，无色薄壁，光滑，有油滴，非淀粉质，非似糊精质。

　　生　　境｜腐生于被子植物的树枝、茎和树桩，6—9月发生。

　　模式标本｜标本号TNM F33334；吴声华2018年9月15日采于鼎湖山；保存于中国台湾自然科学博物馆植物标本馆（TNM）。

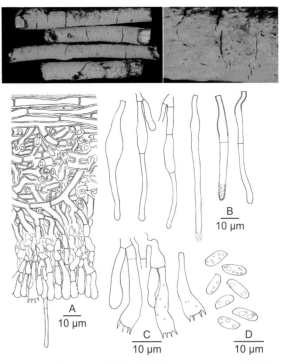

A. 纵切子实体；B. 薄壁囊状体；C. 担子；D. 担孢子

图片来源：Chen Che-Chih, et al., 2021. Fungal diversity，111：377，382

| 担子菌门 Basidiomycota | 多孔菌科 Polyporaceae |

075 波孔叉丝孔菌

***Dichomitus sinuolatus* H. S. Yuan** Nova hedwigia，97（3/4）：497，2013

形态特征｜子实体一年生，平伏，革质，木栓质至软骨质，长达10厘米，宽达1.5厘米，厚达1毫米，不育边缘不明显；孔口表面新鲜时奶油色至浅黄色，干后浅黄色；孔口幼时多角形，波状，干后不规则，呈迷宫状，有时拉长，每毫米1～2个。菌管边缘薄，干后撕裂，与孔面同色，软骨质，长达0.8毫米。菌肉白色至奶油色，木栓质，无环区，很薄，厚约0.2毫米。双型菌丝系统，生殖菌丝具锁状联合；骨架菌丝无拟糊精反应和淀粉质反应，具嗜蓝反应。菌丝组织在氢氧化钾溶液中无变化。菌肉生殖菌丝较少，无色，壁薄，偶分枝，直径2～3微米；骨架菌丝占多数，无色，厚壁至近实心，树状分枝，具长鞭状末端，交织排列，直径为1.5～3.5微米。菌管生殖菌丝较少，无色，壁薄，偶尔分枝，直径2～3微米；骨架菌丝占多数，无色，厚壁至近实心，偶有树状分枝，交织排列，直径1.5～3微米。子实层中无囊状体和拟囊状体，无菌丝钉存在，偶有树状分枝菌丝。担子棍棒状，4个孢子小梗，基部具一锁状联合，14～20微米×4.5～5.5微米，拟担子形状与担子类似，比担子稍小。担孢子圆柱形，无色，壁薄，平滑，无拟糊精反应和淀粉质反应，无嗜蓝反应，8～9.5微米×3.5～4微米，长宽比 Q_m=2.32。

生　　境｜生于被子植物的倒木上。

模式标本｜标本号Dai 7521；戴玉成等2006年5月26日采于鼎湖山；保存于中国科学院沈阳应用生态研究所东北生物标本馆（IFP）。

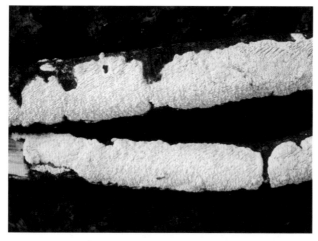

图片来源：Yuan Haisheng，2013. Nova hedwigia，97（3/4）：498

担子菌门 Basidiomycota | 多孔菌科 Polyporaceae

076 小多孔菌

Polyporus minor Z. S. Bi & G. Y. Zheng 真菌学报，1（2）：72，1982

形态特征 | 子实体有短柄，垂生于背侧附着点上，其基部多相连。菌盖长0.8～1.2厘米，宽0.5～0.7厘米，扇状或匙状，木栓质，淡黄褐色至栗色，遇氢氧化钾溶液变暗栗色，上有细绒毛。菌肉白色，薄。菌管表面橘黄色；菌孔角形，每毫米2～3个，延生于菌柄上。菌柄与菌盖同色，长4～5毫米，与菌盖连生。担孢子椭圆形，无色，光滑，7～10微米×3.5～4毫米，内含1个或2个油球。担子棒状，4个孢子，担子小梗平塌状，12～15微米×3～4微米。双型菌丝系统，联络菌丝分枝，不分隔，粗3～4微米；生殖菌丝弯曲，分枝，无分隔和锁状联合，粗约2微米，无色。

生　　境 | 丛生于阔叶树的腐木上。

模式标本 | 标本号HMIGD 2404；毕志树等1980年5月24日采于鼎湖山；保存于广东省科学院微生物研究所真菌标本馆（GDGM）。

张明©

担子菌门 Basidiomycota　　　多孔菌科 Polyporaceae

077 近莲座多孔菌

Polyporus subfloriformis **Z. S. Bi & G. Y. Zheng** 真菌学报，1（2）：73，1982

形态特征｜子实体木生。菌盖扇形至近圆形，中央常下凹成近漏斗状，直径2～10.5毫米，厚约0.5毫米，褐色，被有光泽的绒毛，下凹部的绒毛较粗且直立，而周围的则平伏，直立的粗毛由表皮细胞发育而成，末端常分叉，具不明显环纹，革质。菌管表面褐橙色；菌孔不规则角形，常延生于菌柄上，每毫米2～3个。菌柄侧生，有时近偏生，长5～15毫米，近菌柄处粗0.7～1.5毫米，黄褐色，被绒毛，该毛在基部处较密。菌肉褐色，厚0.2～0.3毫米。单型菌丝系统，生殖菌丝直径3～6微米，分枝，有隔膜，但无锁状联合。未见担子和侧丝。担孢子椭圆形，5～6微米×3～3.5微米，光滑，无色，或微黄色，常见小油滴。

生　　境｜生于阔叶林中五加科植物鸭脚木的腐树皮上。

模式标本｜标本号HMIGD 4954；毕志树等1981年6月27日采于鼎湖山庆云寺附近；保存于广东省科学院微生物研究所真菌标本馆（GDGM）。

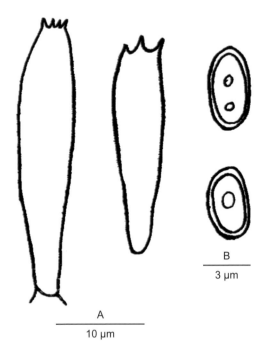

A. 担子；B. 担孢子

图片来源：毕志树，等，1982. 真菌学报，1（2）：74

担子菌门 Basidiomycota | 多孔菌科 Polyporaceae

078 近软多孔菌

***Polyporus submollis* Z. S. Bi & G. Y. Zheng** 真菌学报，1（2）：74，1982

形态特征 │ 子实体无柄，平伏至反卷。菌盖叠生，半圆形或扇形，长3～8厘米，宽1～4厘米，常左右相互连接，黑褐色带红色至近着生部位为黑褐色，边缘白色，老时常变红褐色带黑色，其下侧无子实层，表面具环纹和辐射皱纹，有瘤状突起和胶质皮壳，老时皮壳常加厚，且小瘤常比较粗大。菌管表面白色至淡黄色，长2.8～4毫米，常分为2层，但层次不太明显，与菌肉之间有一黑线分开；菌孔初为角形，每毫米2～4个，后常破裂而成近似迷宫状，或有时似片状。菌肉浅黄色，菌肉间常有一不太明显的带，厚2～11毫米，边缘较薄。双型菌丝系统，联络菌丝直径4～5微米，任意分枝，并具末端分叉，中间有一毛细管状小腔，有时有分隔；生殖菌丝直径2～3微米，任意分枝，有隔膜和锁状联合。担子棒状，12～15微米×3～4微米，4个孢子，担子小梗直立，长约2微米。侧丝10～14微米×2.5～3微米。担孢子椭圆形，4～6微米×2～2.5微米，光滑，无色。子实层和菌肉部分内有2.8～3.2微米×1.8～2微米的厚垣孢子。

生　　境 │ 生于阔叶树的腐木上。

模式标本 │ 标本号HMIGD 4939；毕志树等1981年9月9日采于鼎湖山荣睿碑亭附近；保存于广东省科学院微生物研究所真菌标本馆（GDGM）。

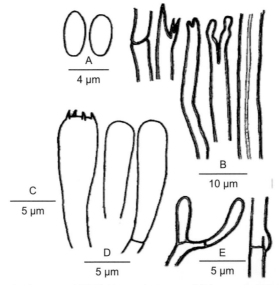

A. 担孢子；B. 联络菌丝；C. 担子；D. 侧丝；E. 生殖菌丝
图片来源：毕志树，等，1982. 真菌学报，1（2）：75

担子菌门 Basidiomycota	多孔菌科 Polyporaceae

079 柱孢线孔菌

Porogramme cylindrica **Y. C. Dai, W. L. Mao & Yuan Yuan** IMA fungus，14（5）：8，2023

形态特征 ｜ 子实体一年生，向上翻卷，贴生，鲜时软木质，干后脆，长5厘米，宽1.8厘米，中部厚0.8厘米，不育边缘薄。菌孔表面鲜时白色，干后稻草黄色，孔口角形，每毫米2～4个，全缘或有撕裂。菌丝层白色，软木质，厚0.1毫米。菌管与孔表面同色，软木质，长0.7毫米。菌丝系统双系，生殖菌丝有索状联合，有单一隔板，骨架菌丝非淀粉质，非似糊精质，嗜蓝。担孢子7.5～10.2微米×3～4.2微米，柱状，尖端收窄，透明，壁薄，光滑，非淀粉质，非似糊精质，不嗜蓝。

生　　境 ｜ 腐生于木荷倒伏的树枝上

模式标本 ｜ 标本号BJFC 027012（Y. C. Dai 18544A）；戴玉成2018年4月28日采于鼎湖山；保存于北京林业大学博物馆（BJFC）。

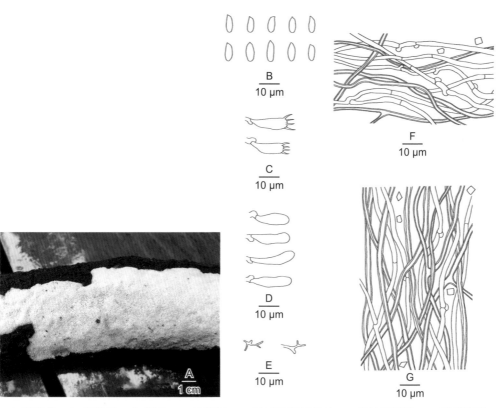

A. 子实体；B. 担孢子；C. 担子；D. 幼担子；E. 树状子实层菌丝；F. 菌丝层菌丝；G. 菌髓菌丝

图片来源：Mao Weilin, et al., 2023. IMA Fungus, 14（5）：10–11

担子菌门 Basidiomycota | 耳匙菌科 Auriscalpiaceae

080 竹生小香菇

Lentinellus bambusinus **T. H. Li, W. Q. Deng & B. Song** Journal of fungal research，10（3）：131，2012

形态特征 ｜ 子实体小型至中型，漏斗形。菌盖直径2.1～4.7厘米，白黄色至淡黄色，薄，皮质，中央部分深陷成漏斗状，无毛至密被白色绒毛，边缘光滑至不明显微小条纹，向内弯曲，规则。菌褶长延生，不等长，分叉，密，盖缘处每厘米有36～39片菌褶，宽0.3～0.5毫米，锯齿状，白色至淡桃红黄色，干后浅褐橙色。菌柄偏于一边，长30～50毫米，粗2～4.5毫米，结实，皮质，无毛至密被白色绒毛，有条纹。菌肉薄，白色至淡黄色，近菌柄处厚0.4～1毫米，碰损或暴露在空气中不变色，气味和味道不明显。担孢子5.8～7.2微米×2.8～3.6微米，椭圆形，无色，具软小刺，淀粉质。担子16～20微米×5～6微米，棍棒状，2～4个孢子，不固定。侧生囊状体17～28微米×6～15微米，无色，纺锤形至短棍棒形。无褶缘囊状体。菌褶菌髓的菌丝相互交织，淡黄色。生殖菌丝直径2～4.5微米，存在锁状联合。骨架菌丝丰富，直径3～5微米。

生　　境 ｜ 散生、近聚生至近丛生在竹竿上。

模式标本 ｜ 标本号GDGM 5271；李泰辉和梁建庆1981年10月22日采于鼎湖山庆云寺附近；保存于广东省科学院微生物研究所真菌标本馆（GDGM）。

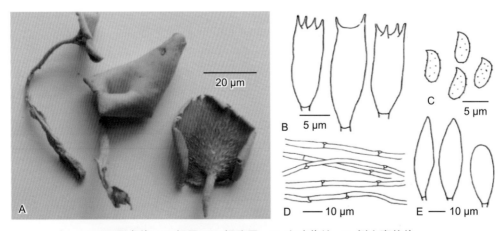

A. 子实体；B. 担子；C. 担孢子；D. 生殖菌丝；E. 侧生囊状体

图片来源：李泰辉，等，2012. Journal of fungal research，10（3）：131–132

| 担子菌门 Basidiomycota | 红菇科 Russulaceae |

081 小乳菇大孢变种

***Lactarius minimus* var. *macrosporus* Z. S. Bi & G. Y. Zheng** The microbiological journal，1（1）：27，1985

形态特征 | 菌盖直径7～12毫米，平展至微凸形，浅黄褐色，受伤变黑红色，无黏性，上被微柔毛至无毛，边缘有皱纹。菌肉亮浅黄褐色，受伤变黑红色，近菌柄处厚1～3毫米，往边缘处逐渐变薄，无味。菌褶短延生，等长，分叉，稍密，亮橙黄色，受伤变黑红色。菌柄中生，圆柱形，长5～7.5毫米，粗1.6～2.5毫米，亮浅黄橙色，受伤变黑红色，上被软毛，纤维质，结实。担孢子6.5～9.5微米×5.5～7微米，近球状，具小刺，有一小尖端，含油球，淀粉质。担子棍棒状，35～42微米×9～12微米，2～4个孢子，亮黄色，孢子小梗2～5微米×0.5～2微米，结实，相对较长。侧生囊状体30～40微米×8～12微米，透明至亮黄色。菌褶菌髓蜂窝状，异质。菌肉菌丝亮黄色。

生　　境 | 散生在混交林的地面。

模式标本 | 标本号HMIGD 5145（毕志树等1145）；毕志树1981年8月21日采于鼎湖山；保存于广东省科学院微生物研究所真菌标本馆（GDGM）。

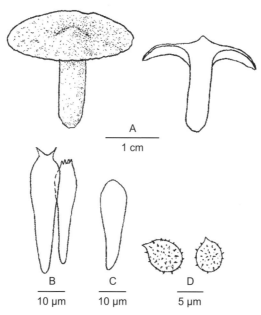

A. 子实体；B. 担子；C. 侧生囊状体；D. 担孢子

图片来源：Bi Zhishu, et al., 1985. The microbiological journal，1（1）：27

担子菌门 Basidiomycota　　　　　　红菇科 Russulaceae

082 黑乳菇

Lactarius nigricans **G. S. Wang & L. H. Qiu** Phytotaxa，364（3）：231，2018

形态特征｜子实体中型，干燥，附有天鹅绒状细毛。菌盖直径40～45毫米，幼时突起，成熟后平展，中部稍凹陷，边缘略微翘起，偶有辐射状条纹，浅棕灰色至灰白色。菌柄长40～62毫米，粗10～12毫米，棒状，等粗，基部膨大，菌柄表面干燥，亦被天鹅绒状细毛，与菌盖同色或颜色更淡，有灰色或白色条纹。菌褶直生，稀疏（每厘米5～6片），宽4毫米，具有3～4个等级的小菌褶，米黄色有橙色印痕，边缘平滑，较菌褶表面颜色浅。菌肉薄，米黄色、白色或奶油色。乳汁白色不变色。担孢子球形至椭球形，6.3～8微米×5.5～7.7微米；孢子表面纹饰淀粉质，翼状，由宽的、不规则的、锐状的脊构成，最高可达2.7微米，密布独立的疣突。担子40.9～71.7微米×14.3～17.4微米，亚棍棒状或棍棒状，4个小梗，透明，壁薄。侧生囊状体直径3～5微米，数量丰富，弯曲偶有分枝，壁薄。褶缘囊状体22.3～41微米×5.1～7.2微米，亚棍棒状，弯曲，透明，壁薄。菌盖表面纵向表皮结构，厚45～60微米，由棍棒状的末端细胞组成，末端细胞20～45微米×3～5微米。

生　　境｜单生于常绿阔叶林的地上。

模式标本｜标本号GDGM 71135（中山大学编号K16091315）；李经纬2016年9月13日采于鼎湖山；保存于广东省科学院微生物研究所真菌标本馆（GDGM）。

李经纬©

担子菌门 Basidiomycota　　　　红菇科 Russulaceae

083 疣孢乳菇

Lactarius verrucosporus **G. S. Wang & L. H. Qiu** Phytotaxa，364（3）：233，2018

　　形态特征｜子实体小型。菌盖直径8～15毫米，幼时半球形，渐变凸形至平凸形，中部略微下凹，表面干燥，有浅色条纹，淡粉色至淡橙色，边缘下卷，奶油白色或米黄色。菌褶直生，有时略微下沿，密集着生（每厘米13～16片），宽1～2毫米，暗橙色至奶油白色，小菌褶大小多样，两片菌褶间存在3片小菌褶。菌柄长15～20毫米，直径2～2.5毫米，亚棍棒状，中生，菌柄表面平滑干燥，顶端具白霜状附属物。乳汁水状稍白。菌肉薄，与菌柄表面同色，暗橙色至浅黄色，气味刺鼻，弱麝香味。担孢子5.9～7.3微米×5.2～7.2微米，球形至亚球形；孢子表面纹饰淀粉质，由独立的疣突组成，疣突顶部稍膨大，高达1.2微米。担子23.8～51.2微米×8.7～13.3微米，通常具4个小梗，有时具2个小梗，宽棒状至不规则棒状。侧生囊状体35.4～52微米×6.8～10.4微米，窄棒状，壁薄，稀少，头部具乳头状突起或棘突。褶缘囊状体19.1～30.3微米×6～8.9微米，圆锥形或纺锤形，一侧膨大，顶端锐尖或近头状，壁薄，丰富。侧生假囊体宽3～4微米，少有分叉。菌盖表皮型，由球状的髓质细胞和尖细的末端细胞组成。末端细胞12.1～28.2微米×4～8.2微米，狭纺锤形至圆柱形，壁薄。

　　生　　　境｜单生于常绿阔叶林的地上。

　　模式标本｜标本号GDGM 49029（中山大学编号K16042319）；李经纬2016年4月23日采于鼎湖山；保存于广东省科学院微生物研究所真菌标本馆（GDGM）。

李经纬 ©

担子菌门 Basidiomycota　　　　　　　红菇科 Russulaceae

084 鼎湖水乳菇

Lactifluus dinghuensis **J. B. Zhang, H. W. Huang & L. H. Qiu** Nova hedwigia，102（1/2）：235，2016

形态特征 │ 菌盖直径30～55毫米，漏斗形，边缘微波状，表面干，有光泽，有径向皱纹，边缘处有沟槽和网状纹理，亮灰褐色至淡浅黄褐色。菌褶宽2.5～5毫米，下延，间隔疏，幼时淡黄白色，长成后乳白色；小菌褶丰富，两菌褶间有1片或2片小菌褶，边缘光滑，淡黄褐色，与菌柄顶端颜色一致。菌柄长25～35毫米，粗6～11毫米，近圆柱形，往下等大或变细，基部鼓槌形，表面干，微纵向皱纹，浅白褐色。菌肉结实，有时在菌柄处空，白色，暴露在空气中不变色，变干后气味芳香。乳汁量适中，白色。孢子印白色。担孢子6～7.9微米×5～8微米，球形至近球形或宽椭圆形，突起淀粉质，网状，圆形脊状隆起高0.5～1微米。担子25～35微米×3～4微米，窄棍棒状，4个孢子，也有2个孢子和3个孢子，孢子小梗2～5微米×0.5～2微米，结实，相对较长。褶侧假囊体直径3～5微米，比较少见，近球形或近棍棒状，含高密度的颗粒内含物，突出在子实层外。菌褶褶缘不能生育，主要由褶缘小囊体构成，其大小为10～25微米×3～5微米，粗棍棒状或近球形，偶具隔膜。菌褶菌髓蜂窝状，不丰富。菌盖皮层栅栏状，厚50～75微米，由薄壁成分组成，上层含分散或胶状的胞间褐色色素沉淀，外皮层由竖立和歪的顶生成分组成，10～25微米×2～4微米，近圆柱状，有时为近棍棒状或圆锥形，有时2个细胞；亚皮层由2～4层近球形至宽椭圆形细胞组成，11～30微米×15～18微米；下层由大量高密度的平行菌丝构成。

生　　　境 │ 聚生于季风常绿阔叶林。

模式标本 │ 标本号GDGM 44602；张健彬2014年5月3日采于鼎湖山；保存于广东省科学院微生物研究所真菌标本馆（GDGM）。

李经纬 ©

担子菌门 Basidiomycota　　　　红菇科 Russulaceae

085 粗柄水乳菇

Lactifluus robustus **Y. Song, J. B. Zhang & L. H. Qiu** Nova hedwigia，105（3/4）：521，2017

形态特征｜子实体小型，肉质，脆。菌盖直径1.5～3厘米，初为半球形，后成平凹形，中央部分下陷，浅灰色或淡黄色至褐色，通常出现局部颜色变浅，表面干，光滑至轻微皱纹，边缘常弧形至波状，略带条纹。菌肉薄，厚3～4毫米，淡白色，受伤不变色。菌褶宽2～3毫米，浅白色，边缘带浅灰褐色，间隔疏，下延，无分叉，受伤不变色；小菌褶丰富，两菌褶间有1～3片小菌褶，边缘光滑，浅白色，略带浅灰褐色。菌柄长15～30毫米，粗7～13毫米，近圆柱形至棍棒形，通常往基部缩小，表面干，粗，与菌盖颜色一致，海绵状至近中空。乳汁淡，浅白色，暴露在空气中不变色，气味不明显。孢子印白色。担孢子6.4～7.9微米×5.3～7.5微米，球形至宽椭圆形，突起不超过0.8微米，淀粉质，由不规则脊状隆起构成，常相互连接形成完整的网状组织，脐区中央位置淀粉质。担子42.9～60微米×7.3～10.6微米，棍棒状，4个孢子，罕见2个孢子，担子小梗2.3～8.4微米×0.8～4.5微米。产乳菌丝不多，直径6～8微米。菌盖皮层栅栏状，30～60微米厚，外皮层由近圆柱状至圆锥状的顶生成分组成，15～47.5微米×3～10微米，1个或2个细胞，有时往顶部缩小，胞间色素沉淀为褐色；亚皮层由2～4层细胞组成，12.5～30微米×9～22微米，胞壁薄。菌柄皮层毛发栅栏状，厚13～42微米，顶生成分9～35微米×3～6微米，近球形，有时往顶部缩小，壁薄，有隔膜，色素沉淀为褐色。

生　　境｜生于常绿阔叶林的地上。

模式标本｜标本号GDGM 45419（中山大学编号K15052701）；张健彬2015年5月27日采于鼎湖山常绿阔叶林的土壤上；保存于广东省科学院微生物研究所真菌标本馆（GDGM）。

张健彬 ©

担子菌门 Basidiomycota　　　　　　　　　红菇科 Russulaceae

086 中华水乳菇

Lactifluus sinensis **J. B. Zhang, Y. Song & L. H. Qiu** Nova hedwigia，107（1/2）：93，2018

　　形态特征｜子实体小型，偏肉质，易碎。菌盖直径15～35毫米，平凸形至凹镜形，中央部分凹下并有乳状突起，中央区域光滑至略有皱纹，有不清晰条纹向边缘延伸，边缘光滑或略波状，表面干，褐色或深褐色，中央色深。菌盖薄，白色，受伤不变色，干后气味香，味淡。菌褶宽2～4毫米，下延，疏，白色，受伤不变色，小菌褶丰富，两完全菌褶间有1～3片小菌褶，边缘光滑，稍白。菌柄长15～30毫米，粗4～10毫米，中空，圆柱形，往基部缩小，表面干，褐色或深褐色。乳汁丰富，白色，暴露在空气中不变色。担孢子6～9微米×5～8微米，球形至近球形或宽椭圆形，突起可高达0.4微米，淀粉质，形成一个完整的网状构造。担子38～58微米×9～14微米，近球形至棍棒状，4个孢子，罕见2个或3个孢子，担子小梗3～10微米×1.5～3微米。褶侧假囊体直径8～14微米，相当少，近球形至棒状，含有微小的有折射力的内含物，突出在担子层的上面。菌褶褶缘不能生育，由20～41微米×3～7微米的褶缘小囊体组成，近球形至棒状或近纺锤状，偶有隔膜。菌褶菌髓几乎均是蜂窝状。产乳菌丝直径8～13微米，不多。菌盖皮层栅栏状，厚35～50微米，全部由薄壁成分组成，上层含有胞间扩散或凝聚的褐色色素沉淀；外皮层由直立的、斜的和横卧的顶生成分组成，11～40微米×3～6微米，1个或2个细胞，近球形，有时往顶部缩小；亚皮层由2～4层多样细胞组成，8～26微米×6～17微米。菌柄皮层栅栏状，厚13～42微米，顶生成分9～35微米×3～7微米，近球形，有时往顶部缩小，壁薄。

　　生　　　境｜聚生于季风常绿阔叶林中。

　　模式标本｜标本号GDGM 45247（中山大学编号H15060710）；张健彬2015年5月7日采于鼎湖山常绿阔叶林的土壤上；保存于广东省科学院微生物研究所真菌标本馆（GDGM）。

张健彬 ©　　　　　　　　　李经纬 ©　　　　　　　　　李经纬 ©

担子菌门 Basidiomycota　　　红菇科 Russulaceae

087 中华水乳菇网盖变种

Lactifluus sinensis var. *reticulatus* J. B. Zhang, Y. Song & L. H. Qiu Nova hedwigia，107（1/2）：95，2018

形态特征｜子实体小型，有点儿肉质但易碎。菌盖直径15～50毫米，浅黄褐色，平凸形至凹镜形，中央区域有小乳突，边缘有粗波纹，表面有辐射状向边缘延伸的褶皱纹理。菌褶下延，疏，宽2～4毫米，白色；小菌褶丰富，两完全菌褶间有1～3片小菌褶，受伤不变色，边缘光滑，白色或在有些老的子实体上呈淡浅黄褐色。菌柄长24～45毫米，粗4～6毫米，圆柱形，上下等粗或有时往基部缩小，轻微弯曲，表面干，淡浅黄褐色，上部色深。菌盖菌肉薄，厚1.5～4毫米。菌柄中空，白色，受伤不变色。味淡。乳汁丰富，白色，暴露在空气中不变色。担孢子7～9.7微米×6～9微米，球形至近球形或宽椭圆形，突起可高达0.6微米，淀粉质，网状，脊状突起粗而厚实，伴有一些分离状的疣。担子45～62微米×9～12微米，棍棒状，4个孢子，罕见2个或3个孢子，担子小梗5～10微米×1～2微米，粗壮且相对较长。褶侧假囊体直径9～11微米，棍棒状至近纺锤状，含有折射力的颗粒，突出在子实层的上面。无褶侧大囊体。菌褶褶缘不能生育，主要由大小为18～31微米×5～8微米的褶缘小囊体组成，粗棍棒状或近球形，偶有隔膜。菌褶菌髓呈蜂窝状。产乳菌丝直径6～10微米，不多。菌盖皮层栅栏状，厚50～63微米，均由薄壁成分组成，上层含有胞间扩散或凝聚的褐色色素沉淀；外皮层由直立的和斜的顶生成分组成，15～25微米×2～5微米，近球形，有时近棍棒形，1个或2个细胞；亚皮层由2～4层近球形至粗椭圆形细胞组成，12～36微米×12～30微米。菌柄皮层栅栏状，厚7～28微米，顶生成分10～20微米×3～5微米，近球形至棍棒形，壁薄。

生　　境｜生于松科植物马尾松与阔叶树混交林中。

模式标本｜标本号GDGM 45246（中山大学编号H15050814-1）；张健彬2015年5月8日采于鼎湖山；保存于广东省科学院微生物研究所真菌标本馆（GDGM）。

张健彬©

担子菌门 Basidiomycota　　　　　　　　红菇科 Russulaceae

088 灰白红菇

Russula albidogrisea **J. W. Li & L. H. Qiu** Cryptogamie，mycologie，38（3）：378，2017

　　形态特征 | 子实体中型。菌盖扁平形至平凸形，直径3.8～6厘米，表面干，光滑，灰白色，不易去皮，边缘处尖，平滑，有时波浪形，随年龄增长出现条纹。菌褶白色，等长，菌柄周围罕有分叉，宽2.5～3毫米，间隔中等，半径中央部分每厘米有14～15片菌褶，合生，翅脉相连，干后乳白色。菌柄长3～5毫米，粗0.8～1.2毫米，圆柱形，光滑，干，浅白色，受伤不变色。菌肉厚2～3毫米，白色，暴露在空气中不变色，干后乳白色，无气味。孢子印淡白色。担孢子球形至近球形，略宽椭圆形，5.1～6.4微米×4.6～5.6微米，突起由圆锥形至半球形瘤构成，高0.3～0.4微米，通过高0.1～0.2微米的线相连，形成淀粉质网状筛孔，前脐区非淀粉质。担子41～48微米×9～11微米，主要为4个孢子，少有2个孢子和3个孢子，透明，棍棒状至亚棍棒状，孢子小梗长4～6微米。菌褶菌髓主要由大球状细胞组成。侧生囊状体35～50微米×5～11微米，棍棒状至近纺锤形，壁薄，内含物丰富，顶端钝圆。褶缘囊状体形态上与侧生囊状体相似。菌盖皮层由上皮层和亚皮层构成。菌柄皮层皮状，3～5.5微米。所有组织均不存在锁状联合。

　　生　　境 | 单生于季风常绿阔叶林和针阔叶混交林中。

　　模式标本 | 标本号GDGM 48781（中山大学编号K15091234）；李经纬和张健彬2015年9月12日采于鼎湖山；保存于广东省科学院微生物研究所真菌标本馆（GDGM）。

李经纬 ©

张健彬 ©

担子菌门 Basidiomycota　　　　红菇科 Russulaceae

089 金绿红菇

Russula aureoviridis **J. W. Li & L. H. Qiu** Cryptogamie，mycologie，38（3）：386，2017

形态特征 │ 子实体中型。菌盖幼时半球形，长成后扩展成扁平形至平凸形，直径4.5～8.2厘米，表面干，光滑，浅黄绿色至金绿色，边缘处钝，光滑，易去皮，长成后不开裂。菌褶合生，等长，近边缘处分叉，半径中央部分每厘米有14～16片菌褶，新鲜时浅乳白色，干后变成褐色，受伤不变色。菌柄长3～5毫米，粗0.8～1.2毫米，圆柱形，白色至浅乳白色，受伤不变色，光滑，干。菌肉白色，暴露在空气中或干后变成褐色，无气味，味道中等。孢子印乳白色。担孢子近球形至宽椭圆形，略球形，4.9～6.7微米×4.4～6微米，突起淀粉质，瘤不明显，通过高不超过0.2微米的线或脊相连，形成不完整的网，前脐区非淀粉质。担子33～48微米×8～12微米，主要为4个孢子，少有2个孢子和3个孢子，棍棒状至纺锤状，孢子小梗长3～4微米。侧生囊状体38～50微米×7～12微米。褶缘囊状体27～40微米×6～10微米，窄棍棒状至棍棒状，顶端常见钝，有些有长附属器或近末端狭窄。边缘细胞21～28微米×4～6微米，形态上与褶缘囊状体相似。菌盖皮层由上皮层和亚皮层构成，上皮层为厚70～85微米的有毛真皮。菌丝末端细胞短，胀大，菌丝5～12微米。所有组织均不存在锁状联合。

生　　境 │ 单生于季风常绿阔叶林和针阔叶混交林中。

模式标本 │ 标本号GDGM 48785（中山大学编号H16082612）；李经纬和邱礼鸿2016年8月26日采于鼎湖山；保存于广东省科学院微生物研究所真菌标本馆（GDGM）。

李经纬 ©

090 桂黄红菇

***Russula bubalina* J. W. Li & L. H. Qiu** Phytotaxa，392（4）：268，2019

形态特征 │ 子实体小型至中型。菌盖直径3.5～5.4厘米，未成熟时半球状，成熟后平展至中凹状，表面光滑干燥，中心呈粉红色至肉桂浅黄色，近边缘方向褪色，边缘尖锐，平坦，老后有条纹，不容易剥落。菌肉坚实，厚2～3.5毫米，白色，干燥后呈黄色。菌褶贴生，白色，等长，小菌褶极少，近菌柄处分叉，厚2.5～3.5毫米，中间处每厘米有18～19片菌褶，褶间具横脉，干燥后呈奶油色。菌柄浅粉红色，等宽，长2.3～3.1厘米，直径0.9～1.1厘米，圆柱形，光滑，内实。气味不显著。孢子印白色。担孢子4.4～8.6微米×3.7～6.2微米，近球形至宽椭球形；孢子表面纹饰主要由淀粉质疣刺组成，高0.5～0.7微米，偶见分散的连线，脐上区非淀粉质。担子棒状至近圆柱形，26～44微米×7.9～13微米，多数4个孢子，少数2个或3个孢子，无色透明，孢子小梗长2～6微米。侧生囊状体31～90微米×7.9～13微米，数量众多，高出子实层12～18微米，长梭形或圆柱形，末端具有念珠状附属物，棘状至钝圆，具有丰富的晶状折光内容物，多数壁稍增厚。褶缘囊状体呈棒状或细长的近圆柱形，顶端具有梗状附属物或钝圆，偶见近纺锤形，有梗，29～86微米×6.2～11微米。未见锁状联合。

生　　　境 │ 生于季风常绿阔叶林和针阔叶混交林的地上。

模式标本 │ 标本号GDGM 70728（中山大学编号K15052614）；李经纬于2015年5月26日采于鼎湖山；保存于广东省科学院微生物研究所真菌标本馆（GDGM）。

李经纬 ©

担子菌门 Basidiomycota　　　　　　　红菇科 Russulaceae

091 鼎湖红菇

Russula dinghuensis **J. B. Zhang & L. H. Qiu** Cryptogamie，mycologie，38（2）：196，2017

　　形态特征｜子实体中型。菌盖直径4～8厘米，幼时半球形或平凸形，长成后扩展成扁平形，中央部分随年龄增加而凹陷，边缘平滑或向内弯曲，随年龄增加会有少量条纹，有时开裂，表面湿时黏，开裂成小片，长成时中央部分变光滑，幼时浅赭色，后变成橄榄绿色至深绿色，混杂有锈的光泽。菌褶合生至近下延，冠顶，罕有分叉，小菌褶散生，白色，干后奶黄色，受伤不变色，接触时不易碎。菌柄长6.5毫米，粗0.8～1.2毫米，圆柱形，近无毛，光滑，干，白色至浅白色。菌盖菌肉厚3～4毫米，干时白色至乳白色，受伤不变色，气味不明显。孢子印浅白色。担孢子5.5～8.5微米×5～8微米，球形至近球形或宽椭圆形至椭圆形，突起淀粉质，瘤钝圆锥形至近圆柱形，高度不超过0.4微米，分离状或与不规则条纹或脊状突起相连，但未形成网，前脐区不明显，非淀粉质。担子29～50微米×8～12微米，4个孢子，也有2个孢子和3个孢子，窄棍棒状至棍棒状，顶端胀大，孢子小梗长度小于5微米。菌褶菌髓由被相连菌丝包围的巢状球形红细胞组成，球形红细胞大小为17.5～30微米×15～30微米。侧生囊状体44～67微米×6～10微米，数量多，细长，棍棒状至近纺锤形，顶端钝，钝长尖形或棘状，内含物丰富，近针状有屈光性（或有折射力），遇硫酸香草醛溶液呈灰色。褶缘囊状体45～52微米×4～6微米，细长，棍棒状至近纺锤形，顶端钝。边缘细胞18～28微米×3～5微米，圆柱状至窄棍棒状，透明。不存在锁状联合。

　　生　　　境｜聚生在季风常绿阔叶林和针阔叶混交林中。

　　模式标本｜标本号GDGM 45244（中山大学编号K15052704）；张健彬和邱礼鸿2015年5月27日采于鼎湖山；保存于广东省科学院微生物研究所真菌标本馆（GDGM）。

张健彬 ©

担子菌门 Basidiomycota　　　　　　红菇科 Russulaceae

092 梭红菇

Russula fusiformata **Y. Song** European journal of taxonomy，826：7，2022

　　形态特征｜子实体中型。菌盖直径6～9厘米，平展至中凹。淡紫红色，略带苍紫色，中央通常棕黄色至红棕色，边缘整齐或轻微波状，有条纹。菌褶直生，象牙白色至奶油黄色，受伤不变色。菌柄长6～8厘米，直径1.5～2厘米，白色，圆柱状，中生，光滑，表面有纵向皱纹，实心。菌肉厚6～8毫米，白色，干后奶油色，气味不明，味道温和。担孢子宽椭球形至近球形，4.8～7.6微米×4.5～6.7微米；孢子表面纹饰淀粉质，由圆锥状至圆柱状突起组成，高达0.7微米，突起独立，不形成网纹，脐上区非淀粉质。担子26.5～49微米×8～14微米，多着生4个孢子，少见2个孢子，棒状，担子小梗长达5.7微米。菌褶菌髓主要由连接菌丝及其间嵌入的球状细胞组成。侧生囊状体43～53微米×7～9微米，纤细，棍棒状至近纺锤状，顶部钝圆或尖。褶缘囊状体36.5～78微米×5～11微米，棍棒状至纺锤状，顶部喙状至短尖状，壁薄，内含折光颗粒物质。边缘细胞未分化。无锁状联合。

　　生　　　境｜单生或群生于季风常绿阔叶林尤其是壳斗科植物中。

　　模式标本｜标本号GDGM 75333（中山大学编号K15052703）；宋玉2015年5月27日采于鼎湖山；保存于广东省科学院微生物研究所真菌标本馆（GDGM）。

宋玉 提供

担子菌门 Basidiomycota	红菇科 Russulaceae

093 胶盖红菇

***Russula gelatinosa* Y. Song & L. H. Qiu** Cryptogamie，mycologie，39（3）：345，2018

形态特征│子实体中型。菌盖直径4～8厘米，初时半球形，成熟时由突起平展至中心下凹，成熟后轻微开裂；表面胶质，初时红棕色，成熟时由赭色变为棕色，老后深棕色，光滑，干燥，湿时不黏；边缘尖锐，具瘤状条纹，幼嫩时内卷，老后开裂。菌褶直生，等长，光滑，很少分叉，褶间具横脉，宽3～4毫米，白色略带红色，受伤不变色，边缘完整，颜色深于菌褶表面或略带紫红色，少见小菌褶。菌柄长7～9.5厘米，粗1.2～1.7厘米，圆柱形，成熟时自下而上渐细，中生，初内实，后中空，表面干燥，白色略带红棕色，具纵向皱纹。菌肉发白，厚3～5毫米，受伤不变色，味道柔和，无明显气味。孢子印浅奶油色。担孢子普遍较大，球形至近球形，7.6～9.8微米×7～9.5微米；孢子表面纹饰淀粉质明显，多具有高3.5微米、近于环绕整个孢子的板状脊，其他部分纹饰通常混合有较低的短脊，疣刺圆锥形（近似于剑龙背上的骨板），脊和疣间多有连线，但不形成完整的网纹，脐上区非淀粉质，不显著。担子棒状，44～69微米×10～21微米，多数具2个或4个孢子，鲜见3个孢子，无色透明，部分幼时内含油滴，担子小梗2.5～11微米×2～3.5微米。子实下层由拟薄壁组织构成。菌褶菌髓主要由直径20微米的球状细胞组成。侧生囊状体60～75微米×13～21微米，纺锤形至近棒状，顶端具锐突或乳突，壁薄，偶见折光颗粒，在硫酸香草醛溶液中呈红棕色。褶缘囊状体42～78微米×8～16微

米，棒状或近圆柱状，顶端多具乳头状或念珠状突起，壁薄，多具折光颗粒。边缘
细胞无分化。菌盖上表皮黏栅栏状（胶质最厚12微米），厚80～100微米，由向上直
立的菌丝末端细胞组成，偶见膨大的近末端细胞。未见锁状联合。

生　　境｜群生于季风常绿阔叶林中。

模式标本｜标本号 GDGM 71806（中山大学编号 K15052626）；李经纬 2015 年
5月26日采于鼎湖山；保存于广东省科学院微生物研究所真菌标本馆（GDGM）。

李经纬©

担子菌门 Basidiomycota	红菇科 Russulaceae

094 宽褶红菇

***Russula latolamellata* Y. Song & L. H. Qiu** Cryptogamie，mycologie，41（14）：222，2020

形态特征｜子实体中型至大型，伞状。菌盖直径6～12厘米，半球状至平展，中央略凹陷，干，龟裂，土黄色、灰色至黑棕色，不易脱落，边缘完整，波浪起伏。菌褶贴生，稀疏，宽达8毫米，不等长，有时近菌柄或盖缘处分叉，有时有脉络交叉，菌褶表面光滑，白色至奶油色或红棕色，菌褶边缘同色。菌柄长4～8厘米，中生，柱状，向上下收窄，纵向褶皱，白色至污白色或灰白色，受伤变红棕色至猩红色，实心。菌肉白色，受伤变红棕色，遇5%硫酸亚铁溶液呈黄棕色，气味略差，味道温和。孢子印白色。担孢子近球形至椭球形，5.9～7.5微米×4.9～6.9微米；孢子表面纹饰淀粉质，由低的脊形成完整的网状结构。担子41～60微米×6～12微米，棒状至窄棒状，1～4个孢子，透明或内含油滴，担子小梗4.8～8.3微米×1.4～2.2微米。菌褶菌髓由球状细胞组成，18.5～55.5微米×17～43微米。侧生囊状体35.5～91微米×4.5～10微米，伸出达30微米，窄棒状至窄柱状，顶端钝或有尖突，壁薄，有折射物质，遇硫酸香草醛溶液不变色。褶缘囊状体34～51微米×4.5～6.5微米，形似侧生囊状体，略小，壁薄，有折射物质，遇硫酸香草醛溶液不变色。菌盖皮层有竖立菌丝，宽2～6微米，柱状，有隔膜，有些有硬壳或分散的棕色，烧瓶形，棒状至柱状，有时顶端有短喙状突起颗粒。菌柄皮层有竖立菌丝，宽40～90微米，菌丝宽1.5～4微米，窄柱状，有隔膜。末端细胞6.5～39微米×2～7.5微米，壁薄，透明，柱状至棒状，顶端钝。无锁状联合。

生　　境｜单生或群生于阔叶林下。

模式标本｜标本号GDGM 79561（中山大学编号K15060604）；张健彬2015年6月6日采于鼎湖山；保存于广东省科学院微生物研究所真菌标本馆（GDGM）。

张健彬 ©

担子菌门 Basidiomycota	红菇科 Russulaceae

095 小小红菇

***Russula minutula* var. *minor* Z. S. Bi** 热带亚热带森林生态系统研究，1：192，1982

形态特征 | 菌盖初为凸镜形，后平展至中凹形，宽0.8～2厘米，粉红色至红色，有时带紫红色，边缘白色至黄白色，干，潮湿时微黏，边缘延伸，有时有条纹和撕裂，近光滑至被不明显绒毛。菌肉白色，无味，近菌柄处厚1～1.5毫米，边缘处消失，易碎。菌褶白色至黄白色，等长或小部分不等长，有横脉，直生至短延生，盖缘处每厘米有12～16片菌褶，宽1～3毫米，褶缘平滑或稍有颗粒。菌柄中生，长0.5～1.5厘米，粗1～3.5毫米，白色，棒状或圆柱状，柄基杆状，肉质，空心，被绒毛或缺。孢子印白色。担孢子近球形，6～8微米×5～7微米，有离生小刺，部分小刺较钝成小疣，无色至近无色。侧生囊状体和褶缘囊状体30～55微米×6.5～9.6微米，棒状或梭状，无色，成堆时淡黄色。担子棍棒状，4个孢子，个别2个孢子，25～40微米×8～12微米，无色。未见柄生囊状体。菌褶菌髓异型，但球状细胞较少且壁薄，呈平行状菌髓。

生　　境 | 单生至散生于阔叶林或混交林的地上。

模式标本 | 标本号HMIGD 4372；毕志树等1981年4月10日采于鼎湖山地震台后山坡；保存于广东省科学院微生物研究所真菌标本馆（GDGM）。

徐隽彦 ©

担子菌门 Basidiomycota	红菇科 Russulaceae

096 黑盖红菇

***Russula nigrocarpa* S. Y. Zhou, Y. Song & L. H. Qiu** Cryptogamie，mycologie，41（14）：224，2020

形态特征｜子实体中型至大型，伞状。菌盖直径6～10厘米，平展至凹陷，干，深棕色至深黑色，边缘完整，略上翘。菌褶贴生至微延生，稀疏，盖缘处每厘米有6片菌褶，宽，不等长，菌褶表面污白色至奶油色或浅黄色，受伤变深棕色，菌褶边缘同色。菌柄长3～5厘米，直径2.5～4厘米，中生，柱状，有时下部收窄，实心，污白色，成熟后灰白色，受伤变深棕色。菌肉白色，受伤变黑色，近菌柄处厚6～8厘米。孢子印白色至奶油色。担孢子近球形至椭圆形，4.3～5.8微米×3.4～4.6微米；孢子表面纹饰淀粉质，由低的脊形成完整的网状结构。担子22～46.5微米×5～8微米，棒状至柱状，1～4个孢子，有折射物质，担子小梗长1.8～6微米。菌褶菌髓由网状球形细胞组成。侧生囊状体31～58微米×3.5～6.5微米，多形，窄柱状至钝弯曲状，具突起，念珠状、花序状或顶端有分叉，壁薄，有折射物质，遇硫酸香草醛溶液不变色。褶缘囊状体25～35微米×3～5微米，窄柱状，略弯曲，钝或喙状顶端，有折射物质，壁薄，遇硫酸香草醛溶液不变色。菌盖皮层上生竖立菌丝，凝胶状，厚150～220微米，菌丝宽2～6微米，窄柱状，有隔膜，深棕色；末端细胞12.5～25微米×2.5～7微米，柱状或窄棒状，顶端钝或略尖，深棕色。侧生囊状体16.5～33.5微米×2.5～5.5微米，近棒状或柱状，顶端短尖，有折射物质，壁薄，遇硫酸香草醛溶液不变色。菌柄皮层上生竖立菌丝，厚60～100微米，凝胶状，菌丝宽1.5～4微米，窄柱状，有隔膜；末端细胞8～34微米×2.5～10微米，柱状至窄棒状，顶端钝。柄生囊状体16.5～56微米×3.5～6微米，壁薄，柱状，顶端钝或短喙状。

生　　境｜单生或群生于常绿阔叶林下。

模式标本｜标本号GDGM 79720（中山大学编号K19071603）；周松岩2019年12月16日采于鼎湖山；保存于广东省科学院微生物研究所真菌标本馆（GDGM）。

周松岩©

担子菌门 Basidiomycota   红菇科 Russulaceae

097 赭褐红菇

Russula ochrobrunnea **S. Y. Zhou, Y. Song & L. H. Qiu** Cryptogamie，mycologie，41（14）：232，2020

形态特征｜子实体中型至大型，伞状。菌盖直径7～9厘米，平展，中央凹陷，干，不黏，灰棕色至黄褐色，龟裂呈网状，边缘起伏上翘，有条纹。菌褶贴生至延生，稀疏，亮棕色至赭色，盖缘处每厘米有3～4片菌褶，厚，结实，不等长，菌褶边缘同色，干后变黄褐色至深棕色。菌柄长4～6厘米，直径2.4～3厘米，中生或偏生，柱状，向下收窄，略弯曲，实心，污白色。菌肉白色，近菌柄处厚3～5毫米。孢子印白色。担孢子近球形至椭圆形，3.9～5.1微米×3.4～4.3微米；孢子表面纹饰淀粉质，由密的疣形成，融合成脊，形成部分网状。担子24～42.5微米×4.5～7.5微米，棒状至柱状，1～4个孢子，透明或内含颗粒物。菌褶菌髓由网状球形细胞组成。侧生囊状体60.5～146.5微米×3.5～6微米，多形，窄柱状至钝弯曲状，具突起，念珠状或顶端有分叉，壁薄，有折射物质，遇硫酸香草醛溶液不变色。褶缘囊状体形似侧生囊状体。菌盖皮层真皮状，厚70～110微米，菌丝宽2～6微米，窄柱状，有隔膜，深棕色；末端细胞22～63微米×3～7微米，柱状或窄棒状，顶端钝或略尖，深棕色。盖面囊状体53.5～90.5微米×3～7.5微米，柱状至钝纺锤状，顶端短尖或分叉。菌柄皮层真皮状，菌丝宽1.5～4微米，窄柱状，有隔膜；末端细胞柱状至烧瓶状，顶端钝。柄生囊状体柱状至窄棒状，顶端钝或尖，宽至7微米，壁薄，有折射物质。无锁状联合。

生　　境｜单生或群生于常绿阔叶林下。

模式标本｜标本号GDGM 79718（中山大学编号K19071502）；周松岩2019年12月15日采于鼎湖山；保存于广东省科学院微生物研究所真菌标本馆（GDGM）。

周松岩©

担子菌门 Basidiomycota　　　　　　红菇科 Russulaceae

098 假桂黄红菇

Russula pseudobubalina J. W. Li & L. H. Qiu Phytotaxa，392（4）：271，2019

形态特征 │ 子实体小型至中型。菌盖直径3.1～4.6厘米，未成熟时半球状，成熟后平展，菌盖中央有时略向下凹陷，表面干燥，较为光滑，表皮不易剥离，菌盖中央肉桂色，偶尔略带奶油色，从中央向边缘颜色略变浅，边缘较为尖锐，整齐平整，老熟后边缘有条纹。菌肉较为坚实，厚2～3.5毫米，气味不明显，味道温和，白色，受伤不变色。菌褶贴生，白色，受伤不变色，等长，无分叉，无小菌褶，宽2.5～3.5毫米，较为致密，中间处每厘米有18～19片菌褶，具有褶间横脉，干燥后呈奶油色。菌柄白色，近圆柱状，长2.3～3.1厘米，直径0.8～1.1厘米，表面光滑，内实。孢子印白色。担孢子近球状至宽椭球状，5.4～7微米×4.7～5.9微米；孢子表面纹饰由淀粉质的柱状疣突和稀疏的线组成，脐上区非淀粉质。担子大部分棒状，鲜有纺锤状，27.3～46.4微米×8.7～15.6微米，多数4个孢子，少数2个或3个孢子，无色透明，担子小梗长2～6微米。子实层髓质由大的球形泡菌丝构成。侧生囊状体突出子实层12～20微米，较短的棒状侧生囊状体顶端常具梗状附属物，狭长纺锤状侧生囊状体顶端附属物多为珠状或尖头状，鲜有顶端钝圆，37.3～89.6微米×7.6～12.4微米。褶缘囊状体大部分呈棒状，少部分纺锤状褶缘囊状体具尖头状附属物，23.4～65.5微米×6.2～10微米。未见锁状联合。

生　　境 │ 春季至夏季生于常绿阔叶林。

模式标本 │ 标本号GDGM 70632（中山大学编号K15060707）；李经纬和张健彬2015年6月7日采于鼎湖山；保存于广东省科学院微生物研究所真菌标本馆（GDGM）。

李经纬©

| 担子菌门 Basidiomycota | 红菇科 Russulaceae |

099 假碗红菇

Russula pseudocatillus **F. Yuan & Y. Song** Cryptogamie，mycologie，40（4）：50，2019

形态特征｜子实体小型。菌盖直径2.5～4厘米，平展至中凹，表面光滑，无毛，湿时微黏，边缘略浅黄色，中央浅灰褐色，边缘轻微波状，有条纹，少见撕裂。菌褶直生，近菌柄处分叉，宽2毫米，白色，受伤不变色，边缘整齐，同色。菌柄长2.5～4厘米，直径0.6～1厘米，中生，圆柱状，褐色略带淡红色，有时向上变细，表面干燥，沿纵向微皱，幼时实心，老时空心。菌肉白色，受伤不变色，气味不明显，味道温和。担孢子宽椭球形至近球形，7～9.2微米×5.1～6.7微米；孢子表面纹饰淀粉质，由圆锥状至圆柱状突起组成，高达1.2微米，突起独立，不形成网纹，脐上区非淀粉质。担子33～41.5微米×10.5～13微米，多着生4个孢子，少见2个孢子，部分幼时含油滴，担子小梗长达8微米。菌褶菌髓主要由连接菌丝及其间嵌入的球状细胞组成。侧生囊状体32～37.5微米×9.5～11.5微米，棍棒状至近圆柱状，少见纺锤形，顶部钝圆至近平截状，壁薄，内含丰富颗粒状折光物质，硫酸香草醛溶液中不变色。褶缘囊状体33～47.5微米×9～12.5微米，棍棒状，顶部喙状至短尖状，壁薄，内含折光颗粒物质，在硫酸香草醛溶液中不变色。边缘细胞未分化。无锁状联合。

生　　　境｜群生于季风常绿阔叶林中。

模式标本｜标本号GDGM 75338（中山大学编号K16042406）；李经纬2016年9月14日采于鼎湖山；保存于广东省科学院微生物研究所真菌标本馆（GDGM）。

李经纬 ©

担子菌门 Basidiomycota　　　　　　　红菇科 Russulaceae

100 紫玫红菇

Russula purpureorosea Y. Song　European journal of taxonomy，826：14，2022

形态特征│子实体小型至中型。菌盖直径3.5～6厘米，平展或中间微凹陷，表面光滑，干燥，浅粉紫色，中央通常玫瑰棕色，边缘整齐或轻微波纹状，有条纹，见沟槽或撕裂。菌褶直生，象牙白色至浅黄色，受伤不变色，与边缘同色。菌柄长2.5～4厘米，直径0.8～1.2厘米，柱状，中生，实心，表面白色，光滑，微有纵向褶皱。菌肉厚0.3～0.5厘米，白色，受伤不变色，气味不明，味道温和。担孢子宽椭球形至近球形，6～7.8微米×5.3～6.6微米；孢子表面纹饰淀粉质，由圆锥状至圆柱状突起组成，高0.6微米，突起独立。担子27～46微米×8.5～14.5微米，多着生4个孢子，少见2个孢子，棒状或近柱状，担子小梗长达6微米。菌褶菌髓主要由连接菌丝及其间嵌入的球状细胞组成。侧生囊状体32～85微米×3.5～9微米，棍棒状至近圆柱状，顶部钝圆至短尖，壁薄，内含颗粒状折光物质。褶缘囊状体54～95微米×7～10微米，纤细，棍棒状至近纺锤状，顶部钝，内含折光颗粒物质。边缘细胞未分化。无锁状联合。

生　　境│单生或群生于季风常绿阔叶林或针阔叶混交林中。

模式标本│标本号GDGM 75331（中山大学编号H17050506）；宋玉2017年5月5日采于鼎湖山；保存于广东省科学院微生物研究所真菌标本馆（GDGM）。

宋玉 提供

担子菌门 Basidiomycota　　　　　　红菇科 Russulaceae

101 赤柄基红菇

Russula rufobasalis **Y. Song & L. H. Qiu** Cryptogamie，mycologie，39（3）：352，2018

　　形态特征 | 子实体小型至中型。菌盖直径3～6厘米，初时半球形，后由中心平展至下凹，老熟后变为近漏斗状；表面光滑，干燥，初时红棕色，后变赭色，中心颜色深；边缘尖锐，呈波浪状，初时光滑，后具条纹并开裂。菌褶白色或浅铁锈色，贴生至延生，宽2～4毫米，受伤不变色，常见不等长，小菌褶不规则嵌入状，菌柄附近分叉少见，具褶间横脉，边缘均匀同色。菌柄长2.2～3.5厘米，直径0.6～1.5厘米，圆柱状，中生，初内实，后中空，表面干燥，具纵皱纹，白色，常带浅红棕色，基部浅红色。近菌柄菌肉厚2～4毫米，白色，味道柔和，无明显气味。孢子印奶油色。担孢子近球形至宽椭球形，较小，5.7～7.7微米×4.3～6.2微米；孢子表面纹饰淀粉质，由高0.3～0.8微米的疣状至近圆柱状突起组成，脊和疣之间多有连线，常形成完整的网纹，脐上区淀粉质不显著，脐点略呈锥形，基部向顶端变细。担子33～48微米×8～11微米，多数4个孢子，鲜见2个孢子或3个孢子，棒状至近圆柱状，担子小梗3.4～7微米×1.4～2.2微米。子实下层由拟薄壁组织构成。菌褶菌髓由大量直径30微米的球状细胞及连接菌丝构成。侧生囊状体39～74微米×6.5～12微米，纺锤状至近圆柱状，顶端具棘状突起或附属物，壁薄，多具多晶状折光颗粒。褶缘囊状体39～67微米×6.5～9.5微米，棒状至近圆柱状，常具圆突，壁薄，折光颗粒明显。边缘细胞未分化。未见锁状联合。

　　生　　　境 | 单生或群生于季风常绿阔叶林及针阔叶混交林中。

　　模式标本 | 标本号GDGM 71800（中山大学编号H17052204）；李经纬2017年5月22日采于鼎湖山；保存于广东省科学院微生物研究所真菌标本馆（GDGM）。

李经纬©

担子菌门 Basidiomycota | 红菇科 Russulaceae

102 亚黑紫红菇

***Russula subatropurpurea* J. W. Li & L. H. Qiu** Phytotaxa，392（4）：272，2019

形态特征 | 子实体中型。菌盖直径4.5～6.8厘米，未成熟时半球状，成熟后平展至中凹形，棕紫色，表面干燥，表皮不易剥离，边缘略微内卷，无条纹，老后破裂。菌肉白色，受伤不变色，遇硫酸亚铁溶液变紫红色，厚3～5毫米，气味和味道不明显。菌褶白色，同样受伤不变色，致密，宽3～6毫米，近边缘分叉，无小菌褶。菌柄白色至灰白色，长3.7～5.5厘米，直径1.2～1.6厘米，近圆柱状，菌柄底部略收缩。孢子印白色。担孢子球状至椭球状，5.1～7微米×4.5～6.2微米；孢子表面纹饰没有线，仅由0.4～0.6微米高的钝圆疣突构成，脐上区非淀粉质。担子棒状至近圆柱状，30.4～41.3微米×7.2～12.9微米，大部分4个孢子，2个孢子或3个孢子也有出现，担子小梗长4～7微米，无色透明。子实层髓质由大的球形细胞构成。侧生囊状体31.3～93.3微米×5.5～10.5微米，数量很多，呈棒状、细长纺锤状至细长近圆柱状，大部分顶端具有尖头状或珠状附属物，鲜有顶端钝圆，含有丰富的折光性物质，壁较厚，在硫酸香草醛溶液中略微呈浅棕色。褶缘囊状体棒状至细长近圆柱状，大部分顶端钝圆，少部分具有珠状或梗状附属物，30.6～71.6微米×6.8～11.6微米。无锁状联合。

生　　境 | 夏季生于常绿阔叶林或常绿混交林。

模式标本 | 标本号GDGM 70634（中山大学编号K16080818）；李经纬2016年8月8日采于鼎湖山；保存于广东省科学院微生物研究所真菌标本馆（GDGM）。

李经纬©

担子菌门 Basidiomycota | 红菇科 Russulaceae

103 亚浅粉色红菇

***Russula subpallidirosea* J. B. Zhang & L. H. Qiu** Cryptogamie，mycologie，38（2）：197，2017

　　形态特征｜菌盖直径3～7厘米，初时半球形，长成后呈中央部分略凹陷的凸圆形或平凸形；表面浅粉红色至带浅灰粉红色，有时带浅黄褐色斑点，湿时黏，干燥条件下开裂；边缘平滑或向内弯曲，有少量条纹。菌褶合生，宽3～6毫米，冠顶，常分叉，小菌褶散生，白色，有时受伤呈浅黄褐色，接触时不易碎。菌柄长3.1～6.5厘米，直径0.8～1.3毫米，圆柱形，弯曲，往基部略膨大，近无毛，光滑，干，白色至浅白色。菌盖菌肉厚3～5毫米，干时白色至乳白色，受伤不变色，气味不明显，未记录味道。孢子印浅白色。担孢子5.5～9微米×5～8微米，近球形至宽椭圆形至椭圆形，罕见球形；在5%氢氧化钾溶液中呈透明状；孢子表面纹饰突起淀粉质，瘤圆锥形至近圆柱形，高度不超过0.6微米，大部分为分离状或部分与不规则条纹或脊状突起相连，但未形成网，前脐区不明显，非淀粉质。担子31～43微米×6～10微米，4个孢子，也有2个孢子和3个孢子，窄棍棒状至棍棒状，顶端膨大，孢子小梗长度小于4微米。菌褶菌髓由被相连菌丝包围的巢状球形红细胞组成，球形红细胞大小为20～45微米×17.5～31.2微米。侧生囊状体35～50微米×5～8微米，数量多，突出子实层12～18微米，细长，棍棒状至近纺锤形，顶端钝，钝长尖形或棘状，内含物丰富，近针状有屈光性（或有折射力），遇硫酸香草醛溶液呈灰色。菌褶褶缘不能生育；褶缘囊状体55～63微米×6～10微米，窄棍棒状至棍棒状或梭形，附器念珠状至乳突状。边缘细胞20～35微米×5～7微米，圆柱状至棍棒状，透明。不存在锁状联合。

　　生　　境｜聚生在季风常绿阔叶林和针阔叶混交林中。

　　模式标本｜标本号GDGM 45242（中山大学编号K15052818）；张健彬和邱礼鸿2015年5月27日采于鼎湖山；保存于广东省科学院微生物研究所真菌标本馆（GDGM）。

张健彬©

担子菌门 Basidiomycota　　　　红菇科 Russulaceae

104 疣孢红菇

Russula verrucospora Y. Song & L. H. Qiu Cryptogamie，mycologie，39（1）：133，2018

形态特征｜子实体小型。菌盖直径2～4厘米，浅黄褐色，近漏斗形；表面光滑，干，幼时淡绿赭色，中央部分常淡红褐色，随年龄增加先变成橄榄绿色，中央部分褐色，长成后变成紫灰色，中央部分颜色要深或呈青紫色，最后变成浅赭色或褐色；边缘波状或轻微波状，幼时光滑或略有条纹，随着年龄增加条纹明显和开裂，半径1/3的范围易剥落。菌褶并生至近下延，浅白色，宽1～3毫米，受伤不变色，大小不均，无或罕有分叉，罕见交错，边缘平滑且颜色一致，小菌褶间隔近但未呈规则假羽状。菌柄长22～40毫米，直径3.5～7.5毫米，圆柱形，通常往基部缩小，在正中，实心，表面浅白色，干，纵向有许多皱纹。菌盖菌肉薄，厚1～3毫米，浅白色，受伤或遇硫酸亚铁溶液后不变色，味轻，气味不明显。孢子印浅白色。担孢子近球形至宽椭圆形，小，4.8～7.5微米×4～6.1微米；孢子表面纹饰突起淀粉质，高度不超过0.7微米，但大小多变，全部由分离状的瘤组成，瘤泡状至半球状，变高时圆柱状，至顶部不变小或变尖（无刺），前脐点明显但非淀粉质。担子27～46微米×7～11.5微米，大部分4个孢子，罕见2个孢子或3个孢子，棍棒状至近圆柱状，孢子小梗1.7～7.4微米×1.2～2.6微米。子实下层为假薄壁组织。菌褶菌髓由许多被相连菌丝包围的球形细胞组成，球形细胞大小为14～32.5微米×7.5～22.5微米。侧生囊状体33～74微米×7～10.5微米，棍棒状至近圆柱状，顶端棘状或横节状，数量多，壁薄，多数在囊状体上部有屈光性（或有折射力）异态内含物，遇硫酸香草醛溶液呈红褐色。褶缘囊状体31.5～72.5微米×11～18.5微米，拟纺锤形至近圆柱形，顶端棘状或念珠状，壁薄，屈光性内含物明显。无法辨识边缘细胞。所有组织中均有锁状联合。

生　　　境｜单生或聚生在季风常绿阔叶林或针阔叶混交林地面上。

模式标本｜标本号 GDGM 71136（中山大学编号K17092512）；李经纬2017年9月25日采于鼎湖山；保存于广东省科学院微生物研究所真菌标本馆（GDGM）。

李经纬 ©

担子菌门 Basidiomycota | 红菇科 Russulaceae

105 绿桂红菇

Russula viridicinnamomea **F. Yuan & Y. Song** Cryptogamie，mycologie，40（4）：47，2019

形态特征｜子实体小型至中型。菌盖直径3～5厘米，幼时半球状，成熟后平展，表面光滑，干燥，不黏，肉桂色中带翠绿色，中央颜色较浅，边缘整齐，表皮易剥离。菌褶直生，等长，无分叉，白色，受伤不变色。菌柄白色，长3～4.5厘米，直径7～10毫米，中生，圆柱形，实心，表面干燥，沿纵向轻微褶皱。菌肉白色，厚1～3毫米，受伤不变色，气味不明显，味道温和。孢子印白色。担孢子近球形至椭球形，5.1～8.1微米×3.6～5.8微米，在5%氢氧化钾溶液中无色透明；孢子表面纹饰淀粉质，由高度不超过0.6微米的疣状至圆锥状突起构成，突起之间有连线形成不完整网纹，其中夹杂着独立的疣突，脐上区非淀粉质。担子31～45.5微米×8.5～11.5微米，棒状至近圆柱形，常见着生4个孢子，少见2个孢子或3个孢子，部分担子幼时含有油滴，担子小梗长度小于5微米。菌褶菌髓主要由连接菌丝及其间嵌入的球状细胞组成。侧生囊状体丰富，31.5～66微米×4.5～13.5微米，近纺锤形至圆柱形，顶部喙状至短尖状突起，壁薄。褶缘囊状体36.5～63微米×4～12微米，圆柱状，顶部槌形，壁薄，内含折光颗粒物质。边缘细胞未分化。无锁状联合。

生　　　境｜群生于季风常绿阔叶林中。

模式标本｜标本号GDGM 75339（中山大学编号K15091418）；张健彬2015年9月14日采于鼎湖山；保存于广东省科学院微生物研究所真菌标本馆（GDGM）。

张健彬©

106 广东球托霉菌

***Gongronella guangdongensis* F. Liu, T. T. Liu & L. Cai** Cryptogamie，mycologie，36（2）：137，2015

形态特征 | 马铃薯葡萄糖琼脂培养基上，25℃培养13天，菌落白色或浅色，高度1～2毫米，直径5厘米，边缘不规则。菌落背面浅黄色至蜜黄色，假根和匍匐枝阙如。孢囊梗28～100微米×2.0～2.5微米，直立，分枝，有隔，透明，光滑，总在囊托下有隔，分枝不规则或单一。孢子囊直径14～21.5微米，起初浅色至浅灰色，后橄榄色至褐紫色，球形，多孢，有一囊托，有时出现空孢子囊，孢子囊壁薄，光滑。囊托直径5.5～9微米，半球形，透明至浅灰色，光滑。囊轴2.5～12微米×2～12微米，半球形、球形或卵圆形，光滑，通常缢缩于囊托。孢囊孢子直径2～3微米，球形，透明或浅黄色，光滑。厚垣孢子13～20微米×5～11微米，丰富，双胞，葫芦状，光滑。接合孢子未见。

生　　　境 | 土壤。

模式标本 | 标本号HMAS 244381；蔡磊2011年9月18日采于鼎湖山；保存于中国科学院微生物研究所菌物标本馆（HMAS）。

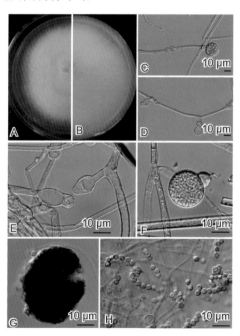

A～B. 马铃薯葡萄糖琼脂培养基上培养的广东球托霉菌菌落；C. 孢子囊和厚垣孢子；
D. 囊轴和厚垣孢子；E. 囊轴；F，G. 孢子囊；H. 孢囊孢子
图片来源：Adamčík Slavomir，et al.，2015. Cryptogamie，mycologie，36（2）：138

植物界｜Plantae

苔藓植物门 Bryophyta	耳叶苔科 Frullaniaceae

107 弯瓣耳叶苔

***Frullania linii* S. Hatt.** Journal of the Hattori botanical laboratory，49：155，1981

形态特征｜植物体大，密集平铺垫状生长，深棕色或红棕色。茎匍匐，不规则羽状分枝，分枝短而斜伸。侧叶紧密覆瓦状排列；背瓣常内卷，全缘，基部两侧不对称，背侧下延裂片大，腹侧近于平直不下延；腹瓣紧贴茎着生，盔形，宽大于长，口部向下弯曲，具发育好的喙状尖，内弯。腹叶紧贴茎，顶端2裂达叶长的1/7～1/6，裂角狭，裂瓣三角形，边缘平展，基部着生线稍呈波形，腹叶中部常具假根束。叶细胞圆方形或椭圆形，细胞壁呈波曲状，渐向基部三角体变大，近于红棕色，透明。雌雄异株。最内层雌苞叶背瓣全缘或顶端具疏齿，腹瓣具不规则齿，雌苞腹叶上部2裂，两侧边缘具不规则粗齿。

生　　境｜生于林下树皮、树干上。

模式标本｜吴瀚B269；吴瀚1957年6月16日采于鼎湖山；保存于日本服部植物研究所标本馆（NICH，主模式）和中国科学院华南植物园标本馆（IBSC）。

备　　注｜该种的种加词*linii*由中国科学院华南植物园苔藓植物分类学家林邦娟（Pang-Juan Lin）的姓氏拉丁化而来。林邦娟女士后来全面研究了鼎湖山的苔藓植物标本，在1982年与合作者发表的"鼎湖山的苔藓植物"一文中记录了鼎湖山141种苔藓植物（林邦娟 等，1982）。

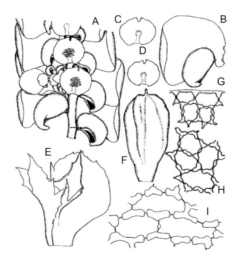

A. 茎的一部分（腹面观）×22；B. 茎叶×22；C，D. 茎下叶×22；E. 最里面的雌性苞片和苞片×22；
F. 花被（腹面观）×22；G. 叶瓣边缘细胞×455；H. 叶瓣中部细胞×455；I. 叶瓣基部细胞×455
图片来源：Hattori Sinske，1981．Journal of the Hattori botanical laboratory，49：156

| 苔藓植物门 Bryophyta | 细鳞苔科 Lejeuneaceae |

108 鼎湖疣鳞苔

Cololejeunea dinghuiana R. L. Zhu & Y. F. Wang 华东师范大学学报（自然科学版）（2）：90，1992

形态特征 | 植物体小，茎连同叶仅宽0.4～0.5毫米，黄绿色，疏松附着基质生长。茎横切面包括5个表皮细胞和1个内部细胞。叶片卵形，不呈镰刀状。叶细胞方形或六角形，具单粗疣，疣直径3～10微米，疣高3～10微米。叶细胞壁较厚，三角体和中部球状加厚不明显。假肋缺，油胞不分化。腹瓣卵形，顶端具双齿，中齿2个细胞，通常略向远离角齿方向弯曲，角齿明显，单个细胞；但叶大部分腹瓣强烈退化，呈三角形。附体单个细胞，透明。芽胞多数，圆盘形，由16个细胞组成，着生在叶片的腹面。

生　　境 | 附生于叶面。

模式标本 | 朱瑞良89217；朱瑞良1989年12月28日采于鼎湖山鬼坑；保存于华东师范大学生命科学学院生物博物馆植物标本馆（HSNU）。

备　　注 | 鼎湖疣鳞苔此前被认为是鼎湖山特有种，但最近在浙江乌岩岭国家级自然保护区也有发现（戴尊 等，2022），在马来西亚也疑似有分布（Lee et al.，2022）。

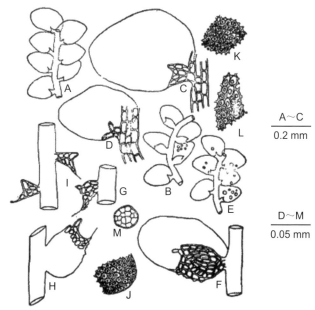

A～C.植物体的一部分（腹面观）；D～F.叶（腹面观）；G～I.腹瓣；J.叶顶端细胞；K.叶中部细胞；L.叶基部细胞；M.芽胞

图片来源：朱瑞良，等，1992. 华东师范大学学报（自然科学版）（2）：91

| 苔藓植物门 Bryophyta | 花叶藓科 Calymperaceae |

109 陈氏网藓

***Syrrhopodon chenii* W. D. Reese & P. J. Lin** The bryologist，92（2）：186，1989

形态特征 │ 植物体细小，黄绿色，疏松丛生，具红色假根。叶片基本单形，但下部比上部宽；透明的上部叶片细胞方形至矩形，腹面膨出，背面大部分平滑或具微小的小乳突；上部叶片边缘全缘，直立至弯曲，加厚，周围有拉长的透明细胞；下部叶片边缘有纤细的、透明的、上升到平展或下弯的纤毛。芽胞甚少，着生于中肋顶端腹面。

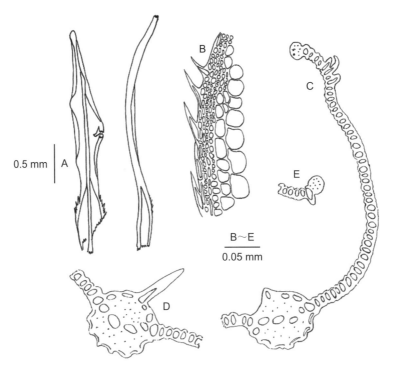

A. 叶轮廓；B. 肩部叶缘；C. 中叶横切面的一部分；D. 中脉横切面；E. 叶缘横切面

图片来源：William D. Reese，et al.，1989. The bryologist，92（2）：187

生　　境 │ 生于林下斜坡上。

模式标本 │ P. L. Redfearn et al. 34406；P. L. Redfearn 等 1987 年 1 月 12 日采于鼎湖山（Ding Hu Shan）藤本与棕榈植物林下；保存于中国科学院植物研究所标本馆（PE，主模式）、芬兰赫尔辛基大学标本馆（H）、日本广岛大学植物标本馆（HIRO）、中国科学院华南植物园标本馆（IBSC）、美国路易斯安那大学拉斐特分校标本室

（LAF）、美国纽约植物园标本馆（NY01127558），以及美国密苏里植物园标本馆
（MO406861、MO406862）。

　　备　　注｜陈氏网藓由美国西南路易斯安那大学的William D. Reese和中国科
学院华南植物园的林邦娟发表，其种加词*chenii*由我国著名苔藓植物分类学家陈邦
杰（Pen-cieh Chen或Pan Chieh Chen）的姓氏拉丁化而来。该种在《广东高等植物红
色名录》中被列为"濒危（EN）"等级（王瑞江，2022）。

陈氏网藓的等模式标本（NY01127558）

苔藓植物门 Bryophyta | 花叶藓科 Calymperaceae

110 东方网藓

Syrrhopodon orientalis **W. D. Reese & P. J. Lin** The bryologist，92（2）：186，1989

形态特征 | 植物体小，绿褐色，丛生，茎短，假根深红色。叶片线形至长圆形渐尖，基部略阔，干时扭曲，湿时镰刀状弯曲，上部内卷，由透明细胞构成的叶边终止于叶尖前，全缘，鞘部有粗齿毛和直立或弯曲锯齿。叶细胞暗，近方形，多密疣，网状细胞顶部呈圆形；上部叶长度为基部叶的2倍。芽胞不多，着生于中肋先端腹面上。孢子体少；蒴柄红色；孢蒴卵圆柱形，基部有几个气孔；蒴齿长三角形，密疣；蒴盖稀具长喙；蒴孢帽平滑。

生　　境 | 附生于树干或树基上。

模式标本 | 石国良（Kuok-ling Shi）11693；石国良1965年7月26日采于鼎湖山（Ting-wu Shan）树干上；保存于中国科学院华南植物园标本馆（IBSC，主模式）、美国路易斯安那大学拉斐特分校标本室（LAF）和美国纽约植物园标本馆（NY01127740）。

备　　注 | 东方网藓被《广东苔藓志》和《广东高等植物红色名录》等接受，但是也有研究者将其归并到 *Syrrhopodon cavifolius*（Ellis，2003）。

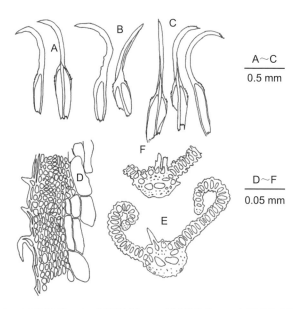

A～C.叶轮廓；D. 肩部叶缘；E.叶横切面；F. 中脉横切面

图片来源：William D. Reese，et al.，1989．The bryologist，92（2）：188

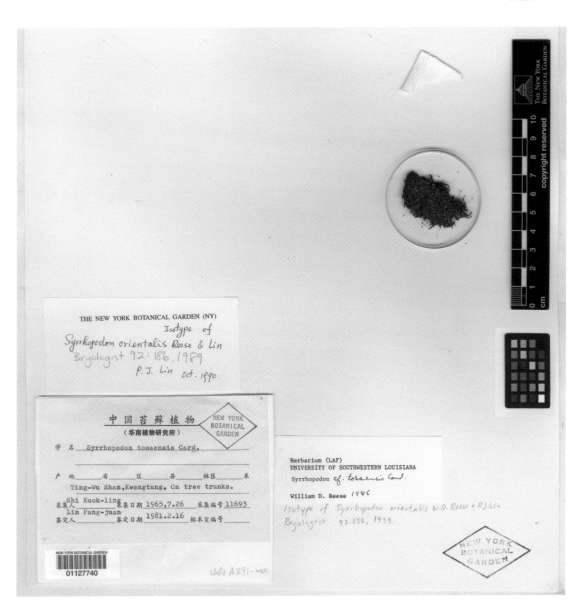

东方网藓的等模式标本（NY01127740）

| 苔藓植物门 Bryophyta | 平藓科 Neckeraceae |

111 广东台湾藓

Taiwanobryum guangdongense（Enroth）**S. Olsson**，**Enroth & D. Quandt** Organisms, diversity and evolution，10（2）：121，2010

≡ ***Caduciella guangdongensis* J. Enroth** The bryologist，96（3）：471，1993

形态特征 | 植物体暗绿色，丛集生长。主茎匍匐，支茎上部扁平近羽状分枝或二回羽状分枝。茎基部叶阔卵形至阔椭圆形，向上突收缩成披针形长尖；假鳞毛叶状或呈披针形。茎叶卵形至阔卵形，叶尖宽钝，两侧不对称，边上部具细齿，下部全缘，平展；中肋单一，达叶中部以上，有时分叉或甚短；上部细胞方形至短菱形，中部细胞菱形至六边形，叶基部细胞狭长方形，具壁孔，叶边近尖部多列细胞呈方形或短长方形。雌雄异株。雌苞着生主茎上，内雌苞叶椭圆状披针形。

生　　境 | 生于季风林中的树干上，海拔100～150米。

模式标本 | A. Touw 23459；A. Touw 1980年10月6日采于鼎湖山（Ding Hu Shan）；保存于荷兰国家植物标本馆（L0060029，主模式）。

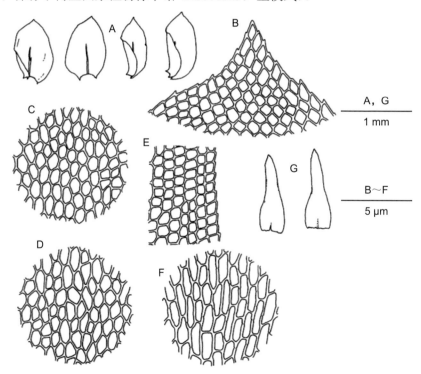

A. 4片茎叶；B. 茎叶顶端；C，D；中间层细胞；E. 中叶边缘；F. 基层细胞；G. 2个优先化内周叶
图片来源：Enroth Johannes，et al.，1993. The bryologist，96（3）：472

蕨类植物门 Pteridophyta　　　　　铁角蕨科 Aspleniaceae

112 线裂铁角蕨

Asplenium coenobiale **Hance** Journal of botany, British and foreign，12：142，1874

形态特征｜植株高10～25（～30）厘米。根状茎直立，先端密被鳞片；鳞片线形，黑色，边缘略有齿牙。叶簇生；叶柄圆形，乌木色，光滑；叶片细裂，长6～10厘米，宽3～5厘米，三回羽状；羽片12～16对，下部的对生，向上互生，有短柄或近无柄；小羽片6～10对，互生，上先出，基部1对（或仅上侧1片）较大，羽状；末回小羽片2～4对，互生，通常上侧的较大（基部1片或2片略大），2深裂或3深裂，分裂度极纤细，二型，不育裂片为狭线形，能育裂片较阔。叶脉两面均明显，隆起，每裂片有小脉1条，不达叶边。叶片薄草质，干后草绿色；叶轴中部以下为乌木色，中部以上为草绿色，光滑。孢子囊群椭圆形，能育裂片1枚，生于小脉中部或下部的上侧；囊群盖椭圆形，全缘，开向叶边，宿存。

生　　　境｜生于林下溪边石上，海拔700～1 800米。

模式标本｜T. Sampson & H. F. Hance s. n.（Herb. Hance no. 17756）；T. Sampson 和 H. F. Hance 1872年7月17日采于鼎湖山（Ting ü shan，West River，prov. Cantonensis）；保存于英国自然历史博物馆（BM001045184，主模式）和英国邱园标本馆（K000812009）。

备　　　注｜该种由英国植物学家 H. F. Hance 发表。他共发表了14个以鼎湖山为模式产地的植物新分类群，为数量最多者。除了线裂铁角蕨外，还包括毛轴铁角蕨（*Asplenium crinicaule*）、南方荚蒾（*Viburnum fordiae*）、紫背天葵（*Begonia fimbristipula*）、盾果草（*Thyrocarpus sampsonii*）、鼎湖血桐（*Macaranga sampsonii*）、大叶石上莲（*Oreocharis benthamii*）、长筒漏斗苣苔（*Raphiocarpus macrosiphon*）、广东牡荆（*Vitex sampsonii*）、鼎湖耳草（*Hedyotis effusa*）、广州蛇根草（*Ophiorrhiza cantoniensis*）、*Lettsomia chalmersii*、*Mallotus contubernalis*，以及 *Wendlandia uvariifolia*。

董仕勇 ©　　　　董仕勇 ©

線裂铁角蕨的等模式标本（K000812009）

113 毛轴铁角蕨

Asplenium crinicaule Hance Annales des sciences naturelles：botanique，5（5）：254，1866

形态特征｜植株高20～40厘米。根状茎短而直立，密被鳞片。叶簇生；叶柄与叶轴通体密被黑褐色或深褐色鳞片，老时陆续脱落而较稀疏；叶片纸质，阔披针形或线状披针形，长10～30厘米，一回羽状；羽片18～28对，互生或下部的对生，几乎无柄或有极短柄，基部羽片略缩短并为长卵形，中部羽片较长，菱状披针形，基部不对称，上侧圆截形，略呈耳状突起，下侧长楔形，边缘有不整齐的粗大钝锯齿。叶脉两面均明显，隆起呈沟脊状。孢子囊群阔线形，通常生于上侧小脉，自主脉向外行，不达叶边，沿主脉两侧排列整齐，或基部上侧的为不整齐的多行；囊群盖阔线形，生于小脉上侧的开向主脉，生于下侧的开向叶边，宿存。

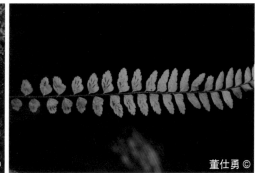

董仕勇 ©　　　　　董仕勇 ©

生　　境｜生于林下溪边潮湿岩石上，海拔120～3 000米。

模式标本｜T. Sampson s. n.（Herb. Hance no. 11203）；T. Sampson 1864年6月15日采于鼎湖山（Ting ü shan, West River, prov. Cantoniensis）；保存于英国自然历史博物馆（BM001045166）、美国哈佛大学植物标本馆（GH00020528）和德国柏林达莱植物园与植物博物馆（B200012975）。

备　　注｜毛轴铁角蕨的模式标本采集者为英国人T. Sampson。他在广州定居长达30年，1861年首次到鼎湖山进行了植物标本采集，此后又多次来鼎湖山采集，包括1872年7月与英国植物学家H. F. Hance一同在鼎湖山进行的植物考察。T. Sampson在鼎湖山采集到的标本，后来被描述为新种的大约有11个，除了毛轴铁角蕨，还包括线裂铁角蕨、盾果草、鼎湖血桐、大叶石上莲、长筒漏斗苣苔、广东牡荆、吻兰（*Collabium chinense*）、鼎湖耳草、广州蛇根草，以及*Mallotus contubernalis*。

毛轴铁角蕨的主模式标本（BM001045166）

114 鼎湖山毛轴线盖蕨

Diplazium dinghushanicum（**Ching & S. H. Wu**）**Z. R. He** Flora of China，pteridophytes，Vol. 2-3：506，2013

≡ *Monomelangium dinghushanicum* **Ching & S. H. Wu** 中国科学院华南植物研究所集刊（2）：5，1986

    形态特征 | 植株高15～25厘米。根状茎短而直立，叶簇生；能育叶长15～25厘米；叶片披针形，先端羽裂急尖；侧生羽片16～18对，下部的对生，上部的互生，基部2对缩短成耳片状，呈略为镰状弯曲的披针形，或为椭圆形，先端急尖，基部上侧耳状突起，边缘有小钝齿或锐裂成粗锯齿；叶脉明显，侧脉2叉或3叉，在羽片基部上侧耳状突起内为羽状。叶片干后薄膜质，浅褐色，叶轴密生节状长柔毛，羽片两面几乎无毛。孢子囊群及囊群盖短线形，远离叶边，生于每组小脉上出一脉的上侧，囊群盖背面无毛。

董仕勇 ©

生　　境｜生于山谷及山顶密林下；海拔700～900米。

模式标本｜丁广奇、石国良2188；丁广奇、石国良1965年3月10日采于鼎湖山（Dinghu Shan）鸡笼山山坑；保存于中国科学院华南植物园标本馆（IBSC0003079、IBSC0003080、IBSC0003078、IBSC0003077）和西北农林科技大学生命科学学院植物标本馆（WUK0425572）。

备　　注｜鼎湖山毛轴线盖蕨，其拉丁学名*Monomelangium dinghushanicum*的命名人为我国蕨类植物学家秦仁昌（Ren Chang Ching，标准缩写为Ching）和吴兆洪（Shiew Hung Wu，标准缩写为S. H. Wu）。该种的种加词*dinghushanicum*是鼎湖山英文名拉丁化而来。关于鼎湖山的写法，大概包括以下：Ting-i-shan、Ting i shan、Ting ü shan、Ting-u-shan、Tingwushan、Ting Wu Shan、Ting-wu Shan、Ting-wu、Teng Wu Mountain、Teng Wu Mts、Teng Woo Mountain、Dingwu-schan、Dinghu、Ding Hu Shan、Dinghushan、Dinghu Mountain等，中文名早期也有写作"顶湖"。

鼎湖山毛轴线盖蕨的主模式标本（IBSC0003079）

115 羽裂鳞毛蕨

Dryopteris integriloba **C. Chr.** Bulletin of the department of biology, College of Science, Sun Yatsen University，6：5，1933

　　形态特征 ｜ 植株高50～70厘米。根状茎横卧或斜升，顶端及叶柄基部密被鳞片。叶簇生；叶柄深禾秆色，通体具有较密的黑色披针形鳞片或鳞片脱落后近光滑；叶片卵状披针形，二回羽状；羽片10～12对，羽片卵状披针形，基部具短柄，顶端羽裂渐尖并弯向叶尖；小羽片10～12对，披针形，基部心形并有短柄，顶端圆钝或短渐尖，边缘羽状半裂或基部达深裂，因基部1对裂片最大而使小羽片的基部最宽；裂片顶端圆头或在前方具一钝齿。叶脉上面不明显，下面可见。小羽片的侧脉羽状或2叉。叶片纸质，上面近光滑，下面叶轴和羽轴基部密被黑色披针形鳞片，羽轴中上部和小羽轴基部具有较多的深棕色泡状鳞片。孢子囊群小，位于小羽片中脉与边缘之间；囊群盖圆肾形，全缘。

　　生　　境 ｜ 生于热带亚热带森林，海拔700～1 100米。

董仕勇 ©

模式标本 | C. O. Levine 3112；C. O. Levine 1918年9月22日采于鼎湖山（Teng Wu Mts）；保存于中国科学院植物研究所标本馆（PE00133959）、美国史密森研究院植物标本馆（US00065522）、美国加利福尼亚大学标本馆（UC，主模式）和英国自然历史博物馆（BM001066033）。

备　　注 | 羽裂鳞毛蕨的模式标本采集者为美国人 C. O. Levine。他当时工作于岭南大学，于1916—1918年多次在鼎湖山进行植物标本采集。这些标本后来被描述为新种的有5个，除了羽裂鳞毛蕨外，还包括大叶合欢（*Archidendron turgidum*）、柳叶杜茎山（*Maesa salicifolia*）、*Machilus levinei* 及 *Alyxia levinei*，其中后2个的种加词正是他的姓氏拉丁化而来，只不过后来根据"优先权"的原则被处理为更早学名的异名。

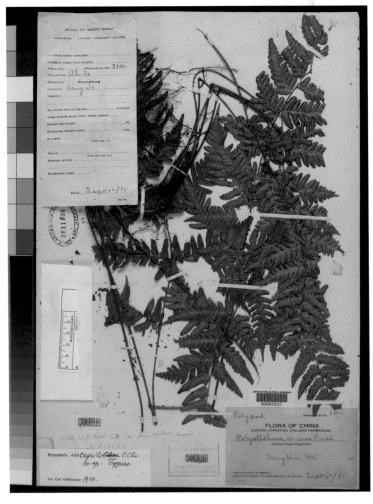

羽裂鳞毛蕨的等模式标本（US00065522）

| 蕨类植物门 Pteridophyta | 牙蕨科 Pteridryaceae |

116 毛轴牙蕨

***Pteridrys australis* Ching** Bulletin of the fan memorial institute of biology，5：142，1934

形态特征 | 植株高达1.5米。根状茎短，斜升至近直立，顶部及叶柄基部均密被披针形鳞片。叶簇生；叶柄棕禾秆色，光滑无毛；叶片椭圆形，二回羽裂；羽片约15对，互生，下部的有短柄，向上部的无柄，线形至线状披针形；裂片约25对，缺刻上有一尖齿，边缘有浅钝锯齿。叶脉在裂片上为羽状，主脉两面均隆起，上面光滑，下面疏被有关节的灰白色柔毛。叶片厚纸质，两面均无毛；叶轴暗禾秆色，疏被有关节的灰白色柔毛或近光滑，上面有浅阔沟，沟旁有隆起的脊；羽轴禾秆色，两面均隆起，上面光滑，下面疏被有关节的灰白色柔毛，基部与叶轴连接处密被棕色的刚毛。孢子囊群圆形，着生于小脉上侧分叉的顶端或近顶端，在主脉两侧各有1列；囊群盖圆肾形，上面被毛。

生　　　境 | 生于山谷密林下溪边，海拔100～500米。

模式标本 | 高锡朋（S. P. Ko）50556，高锡朋1930年6月7日采于鼎湖山（Ting Wu Shan），保存于中国科学院植物研究所标本馆（PE00050301、PE00050302、PE01895967）。

备　　　注 | 毛轴牙蕨在《广东高等植物红色名录》中被列为"濒危（EN）"等级。

毛轴牙蕨的主模式标本（PE00050301）

©Copyright of China National Herbarium

种子植物门 Spermatophyta | 胡椒科 Piperaceae

117 华南胡椒

***Piper austrosinense* Y. C. Tseng** 植物分类学报，17（1）：36，1979

形态特征 | 木质攀缘藤本。除苞片腹面中部、花序轴和柱头外无毛；枝有纵棱，节上生根。叶片厚纸质，无明显腺点，花枝下部叶阔卵形或卵形，顶端短尖，基部通常心形，两侧相等，上部叶卵形、狭卵形或卵状披针形，顶端渐尖，基部钝或略狭，两侧常不等齐；叶脉5条，少有7条，全部基出，有时最上1对离基2～3毫米从中脉发出，对生；叶鞘长为叶柄的一半或略短。花单性，雌雄异株，聚集成与叶对生的穗状花序。雄花序圆柱形，顶端钝，白色；苞片圆形，盾状，边缘不整齐而具浅齿，腹面中央和花序轴同被白色密毛；雄蕊2枚。雌花序白色，总花梗与花序近等长；苞片与雄花序的相同；子房基部嵌生于花序轴中，柱头3或4，被绒毛。浆果球形，基部嵌生于花序轴中。花期4—6月。

生　　境 | 生于密林或疏林中，攀缘于树上或石上。

模式标本 | 程用谦170552；程用谦1975年5月17日采于鼎湖山（Ding-hu-shan）旅行社三号楼山坡水旁；保存于中国科学院华南植物园标本馆（IBSC0733517）。

宋柱秋©

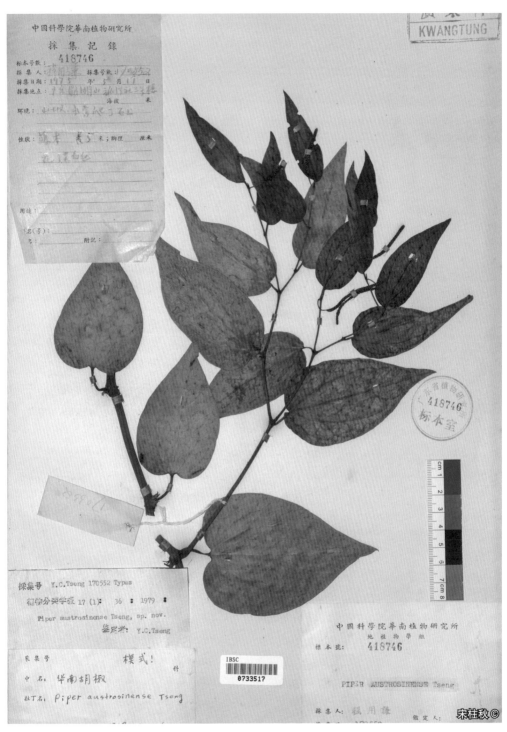

华南胡椒的主模式标本（IBSC0733517）

| 种子植物门 Spermatophyta | 马兜铃科 Aristolochiaceae |

118 鼎湖细辛

Asarum magnificum Tsiang ex C. Y. Cheng & C. S. Yang var. *dinghuense* C. Y. Cheng & C. S. Yang

Journal of the Arnold arboretum，64：596，1983

形态特征｜多年生草本。根状茎极短，根丛生，稍肉质。叶片近革质，通常椭圆状卵形，长6～13厘米，宽5～12厘米，先端急尖，基部心状耳形；叶面无云斑，疏被短毛；叶背在放大镜下可见颗粒状油点，网脉不明显；芽苞叶卵形，边缘密生睫毛。花绿紫色；花梗长约1.5厘米；花被管漏斗状，喉部不缢缩，花被裂片三角状卵形，顶端及边缘紫绿色，中部以下紫色，基部有三角形乳突区，乳突细而稀疏，向下延伸至管部成疏离的纵列，至花被管基部呈纵行脊状皱褶；药隔锥尖；子房下位，花柱离生，顶端2裂，柱头侧生。花期3—5月。

生　　境｜生于灌木丛下阴湿处，海拔300～700米。

模式标本｜丁广奇、石国良10309；丁广奇、石国良1964年12月1日采于鼎湖山鸡笼山山坑山谷林下水边；保存于中国科学院华南植物园标本馆（IBSC0359558）。

备　　注｜鼎湖细辛作为新变种发表时，作者指定模式"G. D. Ding et al. 1039（IBSC）"。但我们发现丁广奇、石国良1039（IBSC0079846）其实是光叶紫玉盘，而丁广奇、石国良10309（IBSC0359558）的标本上贴有命名者之一的杨春澍（Chun-shu Yang）鉴定为"*Asarum magnificum* Tsiang ex C. Y. Cheng & C. S. Yang var. *dinghuense* C. Y. Cheng & C. S. Yang"的标签，吻合原白，因此该标本应更正为鼎湖细辛的主模式标本。该种在《广东高等植物红色名录》中被列为"濒危（EN）"等级。

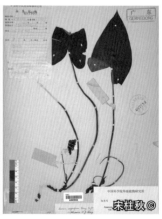

鼎湖细辛的主模式标本
（IBSC0359558）

119 广防己

Isotrema fangchi **X. X. Zhu, S. Liao & J. S. Ma** Phytotaxa，401（1）：9，2019

≡ *Aristolochia fangchi* **Y. C. Wu ex L. D. Chow & S. M. Hwang** 植物分类学报，13（2）：108，1975，nom. inval.

形态特征 ｜木质藤本。茎初直立，以后攀缘，基部具纵裂及增厚的木栓层。叶薄革质或纸质，常长圆形或卵状长圆形，顶端短尖或钝，基部圆形，稀心形，边全缘，面近无毛，下面密被褐色或灰色短柔毛；基出脉3条；叶柄密被棕褐色长柔毛。花单生或3朵或4朵排成总状花序，生于老茎近基部；花梗密被棕色长柔毛，常

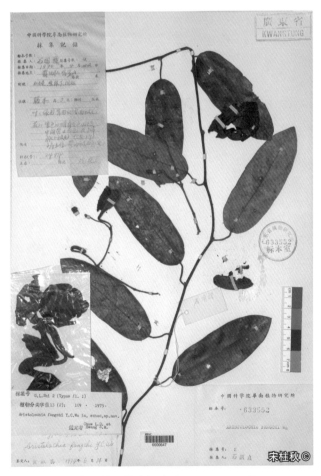

广防己的主模式标本（IBSC0000647）

向下弯垂，近基部具小苞片；小苞片卵状披针形或钻形，密被长柔毛，紫红色，具明显隆起的纵脉；花药成对贴生于合蕊柱近基部，并与其裂片对生；子房圆柱形，6棱，密被褐色绒毛；合蕊柱粗厚，顶端3裂，裂片边缘外反并具乳头状突起。蒴果圆柱形，6棱；种子褐色。花期3—5月，果期7—9月。

生　　　境│生于山坡密林或灌木丛中，海拔500～1 000米。

模式标本│石国良2；石国良1970年4月22日采于鼎湖山鸡笼山；保存于中国科学院华南植物园标本馆（IBSC0000646、IBSC0000647、IBSC0000648）。

备　　　注│广防己最初是由仇良栋和黄淑美（1975）发表，但是并未合格发表，因为指定了2号标本为模式，即丁广奇、石国良823（果模式）和石国良2（花模式）。马金双指定丁广奇、石国良823（IBSC）为主模式，而Huang等指定石国良2（IBSC）为主模式，使得先后两次合格发表，但后者为非法的晚出同名。Zhu et al.（2019）基于Huang等合格发表但非法的名称建立新组合 *Isotrema fangchi*（Y. C. Wu ex L. D. Chow & S. M. Hwang）X. X. Zhu, S. Liao & J. S. Ma，依据《国际藻类、菌物和植物命名法规》这个新组合应该作为一个替代名称，即 *Isotrema fangchi* X. X. Zhu, S. Liao & J. S. Ma，其模式为石国良2（Liao et al.，2021）。该种在《广东高等植物红色名录》中被列为"易危（VU）"等级。

范宗骥◎　　　　宋桂秋◎

种子植物门 Spermatophyta | 樟科 Lauraceae

120 鼎湖钓樟

***Lindera chunii* Merr**. Lingnan science journal，7：307，1929

形态特征 | 小乔木。枝纤细，初被毛，后渐脱落。叶片纸质，互生，椭圆形至长椭圆形，顶端尾状渐尖，基部楔形或急尖，上面无毛，下面被白毛或黄色贴伏毛；3出脉，侧脉直达先端；叶干时常呈橄榄绿色。聚伞花序有花4～6朵，数个生于叶腋内短枝上，具有明显的总花梗；总花梗、花梗、花被两面及花丝被棕黄色柔毛；子房椭圆形，与花柱被柔毛。果实椭圆形，无毛；果托小，盘状，具波状边缘；果梗长0.8～1.5厘米。花期2—3月，果期8—9月。

生　　境 | 生于低海拔自然林中。

模式标本 | 陈焕镛（W. Y. Chun）6327；陈焕镛1928年5月5日采于鼎湖山（Ting Wu Shan）混交林下；保存于美国哈佛大学阿诺德树木园标本馆（A00041592）、中国科学院华南植物园标本馆（IBSC0000182），以及美国加利福尼亚大学标本馆（UC358851，主模式）。

备　　注 | 该种在最初发表时作者并没有指出种加词*chunii*的含义，但显然是指模式标本采集者陈焕镛（W. Y. Chun），该种因此也被称为"陈氏钓樟"。1928年5月4—7日，陈焕镛作为中山大学植物学教授，来到鼎湖山进行植物学考察，采集了250多号植物标本。在这些标本中，研究者相继发现了5个新种，除了鼎湖钓樟外，还有假木通（*Jasminanthes chunii*）、广东蔷薇（*Rosa kwangtungensis*）、剑叶耳草（*Hedyotis caudatifolia*）、五花紫金牛（*Ardisia argenticaulis*）。1956年由陈焕镛等5位科学家提议建立了我国第一个自然保护区——鼎湖山国家级自然保护区。

宋柱秋 ©

鼎湖钓樟的等模式标本（IBSC0000182）

121 海桐叶木姜子

***Litsea pittosporifolia* Y. C. Yang & P. H. Huang** 植物分类学报，16（4）：53，1978

形态特征│常绿灌木。小枝黄褐色，先端具棱角，无毛。叶互生，革质，椭圆形或倒卵形，长约为宽的2倍，先端圆钝，基部楔形或近圆钝，两面均无毛，羽状脉。伞形花序腋生于枝梢，单独或2个或3个集生；总梗极短或近于无总梗；苞片4片或5片，外面有贴伏短柔毛，内面无毛；每一花序有花3朵，花细小，淡黄色；雄花花梗短，被柔毛；花被裂片6，卵形；能育雄蕊9枚；腺体肾形，无柄；无退化雌蕊。每一果序有果实3枚；果序总梗极短，或几乎无总梗；果实椭圆形；果托杯状，先端平截；果梗被柔毛。花期7—8月，果期3—4月。

生　　境│生于山谷密林湿润处，海拔800～900米。

模式标本│丁广奇、石国良752；丁广奇、石国良1963年7月18日采于鼎湖山鸡笼山；保存于中国科学院华南植物园标本馆（IBSC0000279）、广西植物研究所标本馆（IBK00007750）、江苏省中国科学院植物研究所标本馆（NAS00070895），以及中国科学院西双版纳热带植物园标本馆（HITBC0017035）。

备　　注│海桐叶木姜子为鼎湖山特有种，在2017年被评为"易危（VU）"等级（覃海宁 等，2017b），2022年被评为"极危（CR）"等级（王瑞江，2022）。

海桐叶木姜子的主模式标本（IBSC0000279）

种子植物门 Spermatophyta | 兰科 Orchidaceae

122 吻兰

Collabium chinense（**Rolfe**）**Tang & F. T. Wang** 海南植物志，第4卷：217，1977

≡ ***Nephelaphyllum chinense* Rolfe** Bulletin of miscellaneous information，119：194，1896

形态特征 | 地生植物。具匍匐根状茎和假鳞茎；假鳞茎貌似叶柄，基部被鞘。叶片纸质，具多数弧形脉。花葶无毛，被2～4枚膜质筒状鞘；总状花序疏生4～7朵花，花中等大；萼片和花瓣绿色；中萼片长圆状披针形，具5条脉；侧萼片等长于中萼片而较宽，基部贴生在蕊柱足上，具5条脉；花瓣长圆形，与萼片等长而稍狭；唇瓣白色，倒卵形，基部具爪，3裂；侧裂片小，卵形，先端钝，边全缘；中裂片近扁圆形，前端边缘稍具细齿；唇盘在两侧裂片之间具2条新月形的褶片并延伸至基部的爪上；矩圆筒形；蕊柱黄色，基部具蕊柱足；蕊柱翅在蕊柱上端两侧扩大为向前伸的三角形齿。花期7—11月。

生　　境 | 生于山谷密林下阴湿处或沟谷阴湿岩石上，海拔600～1 000米。

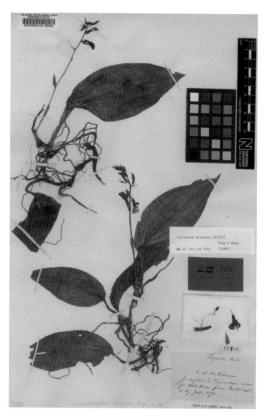

吻兰的主模式标本（BM000090315）

模式标本 | T. Sampson & H. F. Hance s. n.（Herb. Hance no. 17733）；T. Sampson 和 H. F. Hance 1872年7月17日采于鼎湖山（Ting ü shan）；保存于英国自然历史博物馆（BM000090315）。

备　　注 | 吻兰最初作为新种发表时作者就明确指出性状的描述是基于保存在英国自然历史博物馆的1份标本，即BM000090315，因此该标本为主模式。该种在《广东高等植物红色名录》中被列为"易危（VU）"等级。

种子植物门 Spermatophyta　　　　　禾本科 Poaceae

123 匍匐柳叶箬

Isachne repens **Y. L. Keng** Sunyatsenia，1（2/3）：129，1933

　　形态特征｜多年生草本。秆柔弱，节上易生根，匍匐地面，直立部分高5～15厘米，节上被毛。叶鞘短于节间，被细毛；鞘口及其边缘被较密的纤毛，松弛裹茎；叶舌纤毛状；叶片宽披针形或卵状披针形，两面疏生疣基小硬毛，边缘加厚，具微细的小齿。圆锥花序卵形，伸出叶鞘外，分枝粗壮而斜向上生，通常疏生1根或2根刚毛，其余无毛；小穗椭圆形，柄粗直，与花序分枝均不具腺斑；两颖近相等，等长或略短于小穗，先端圆或钝，背部被短硬毛，边缘狭膜质；第一颖较窄，具7～9条脉；第二颖较宽，具9～11条脉；两小花同质同形，均可结实；稃体被细柔毛。颖果扁圆形，黑褐色。花果期10—12月。

　　生　　　境｜生于山坡林中或阴湿草地上。

　　模式标本｜左景烈21292；左景烈1929年10月18日采于鼎湖山山林中；保存于中国科学院华南植物园标本馆（IBSC0005481）和中山大学植物标本室（SYS00012623、SYS00095389）。

　　备　　　注｜匍匐柳叶箬由我国禾本科分类学家耿以礼（Yi Li Keng）发表，这是我国学者基于鼎湖山植物标本发表的最早的新分类群。

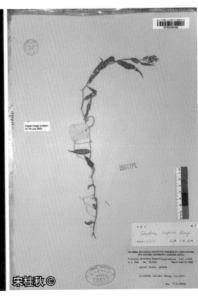

匍匐柳叶箬的等模式标本
（SYS00095389）

种子植物门 Spermatophyta	毛茛科 Ranunculaceae

124 鼎湖铁线莲

***Clematis tinghuensis* C. T. Ting** 中国植物志，第28卷：357，1980

形态特征 ｜ 小藤本。枝有棱，小枝疏生短柔毛，后变无毛。三出复叶，小叶片纸质或薄革质，卵形或长卵形至披针状卵形，顶端渐尖或短渐尖，基部圆形或浅心形，3浅裂或边缘具齿，有时全缘。聚伞花序或圆锥状聚伞花序，有花3朵至多朵，腋生或顶生，比叶长；花梗上小苞片通常显著，卵形、椭圆形或披针形；萼片4枚，开展，白色，近长圆形或狭倒卵形；雄蕊无毛；子房有柔毛。瘦果卵形，边缘增厚，被短绒毛，宿存花柱长约1厘米，被较短羽状柔毛。花期6—7月，果期9—10月。

生　　境 ｜ 生于山谷密林中、林边或沟边、路旁，海拔250～400米。

模式标本 ｜ 石国良462；石国良1957年6月4日采于鼎湖山（Tinghushan）白云寺附近；保存于中国科学院华南植物园标本馆（IBSC0002919、IBSC0000547）。

备　　注 ｜ 鼎湖铁线莲为鼎湖山特有种，其学名的种加词*tinghuensis*是指模式产地鼎湖山，该种在《广东高等植物红色名录》中被列为"易危（VU）"等级。据统计，菌物和植物中，一共有18个拉丁学名的种加词是指鼎湖山，除了鼎湖铁线莲外，还包括鼎湖星盾炱（*Asterina dinghuensis*）、鼎湖蛛丝孢（*Arachnophora dinghuensis*）、鼎湖黑球腔菌（*Melanomma dinghuense*）、鼎湖新丛赤壳（*Neonectria dinghushanica*）、鼎湖粉褶蕈（*Entoloma dinghuense*）、鼎湖小菇（*Mycena dinghuensis*）、鼎湖水乳菇（*Lactifluus dinghuensis*）、鼎湖红菇（*Russula dinghuensis*）、鼎湖鳞伞（*Pholiota dinghuensis*）、鼎湖疣鳞苔（*Cololejeunea dinghuiana*）、鼎湖山毛轴线盖蕨（*Diplazium dinghushanicum*）、鼎湖杜鹃（*Rhododendron tingwuense*）、鼎湖巴豆（*Croton dinghuensis*）、鼎湖双束鱼藤（*Aganope dinghuensis*）、鼎湖青冈（*Quercus dinghuensis*）、鼎湖后蕊苣苔（*Oreocharis*

dinghushanensis），以及鼎湖紫珠（*Callicarpa tingwuensis*）。

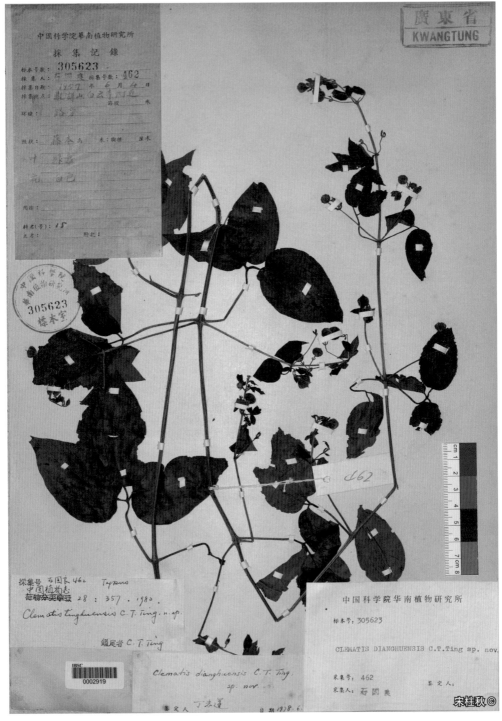

鼎湖铁线莲的主模式标本（IBSC0002919）

种子植物门 Spermatophyta　　　豆科 Fabaceae

125 鼎湖双束鱼藤

Aganope dinghuensis（**P. Y. Chen**）**T. C. Chen & Pedley** Flora of China，Vol. 10：173，2010

≡ *Derris dinghuensis* **P. Y. Chen** 植物分类学报，21（1）：81，1984

形态特征 │ 藤状灌木。奇数羽状复叶，小叶4对，对生或近对生，厚纸质，长圆形或长圆状阔卵形，先端短渐尖，基部圆形，两面无毛。圆锥花序腋生，仅下部有少数分枝，花序轴及其分枝均密被黄褐色柔毛；花萼阔钟状，外面密被黄褐色柔毛，萼齿浅波状；花冠白色，长15～17毫米，旗瓣圆形，翼瓣和龙骨瓣均有耳；雄蕊二体，约与花瓣等长；子房被微柔毛。荚果舌状长圆形，长10～15厘米，顶端短渐尖，在下端约1/4处明显变狭并弯曲，表面有明显网纹，无毛，腹背两缝均有翅；种子长肾形。花期6—7月，果期11—12月。

生　　境 │ 生于低海拔山地林中。

模式标本 │ 丁广奇、石国良1192；丁广奇、石国良1963年12月23日采于鼎湖山东江坑；保存于中国科学院西双版纳热带植物园标本馆（HITBC012405）、中国科学院华南植物园标本馆（IBSC0169669）和西北农林科技大学生命科学学院植物标本馆（WUK0425972）。

备　　注 │ 鼎湖双束鱼藤为鼎湖山特有种，2017年被评为"易危（VU）"等级（覃海宁 等，2017b），2022年在《广东高等植物红色名录》中被列为"濒危（EN）"等级（王瑞江，2022）。

宋柱秋 ©

鼎湖双束鱼藤的主模式标本（IBSC0169669）

种子植物门 Spermatophyta	豆科 Fabaceae

126 大叶合欢

Archidendron turgidum（Merr.）**I. C. Nielsen** Adansonia，19（1）：32，1979

≡ *Pithecellobium turgidum* **Merr.** The Philippine journal of science，15（3）：239，1919

　　形态特征｜小乔木。嫩枝、叶轴密被锈色绒毛。二回羽状复叶，羽片1对，总叶柄近顶部及叶轴上每对小叶着生处均有1枚腺体；小叶2对或3对，纸质，长圆形、椭圆形或斜披针形至斜椭圆形，先端具长或短的尖头，基部急尖或浑圆，上面无毛，下面有极稀少的伏贴短柔毛。头状花序，有花约20朵，排成腋生或顶生的圆锥花序；花白色，无梗；花萼杯状，顶端5齿裂；花冠长约6毫米，裂片长圆形，与花萼同被白色绒毛；子房光滑，具短柄。荚果膨胀，带状，长7～20厘米，宽2.5～3.5厘米，厚1～1.5厘米；种子棕色。花期4—5月，果期7—12月。

　　生　　境｜生于山沟林中。

　　模式标本｜C. O. Levine & G. W. Groff 86；C. O. Levine和G. W. Groff 1916年11月18日采于鼎湖山（Teng Woo Mountain）；保存于中国科学院华南植物园标本馆（IBSC0004466）和美国密苏里植物园标本馆（MO954227）。

　　备　　注｜Merrill（1919）首次描述该种（*Pithecolobium turgidum*）时，引证了2号采自鼎湖山的标本，即Levine & Groff 86和Levine 1976，二者来自同一棵树。Nielsen（1979）建立新组合 *Archidendron turgidum* 时指定前者为后选模式，并在讨论中指出保存于菲律宾PNH的那份标本很可能在第二次世界大战中被毁了。我们找到2份等后选模式。

宋柱秋 ©

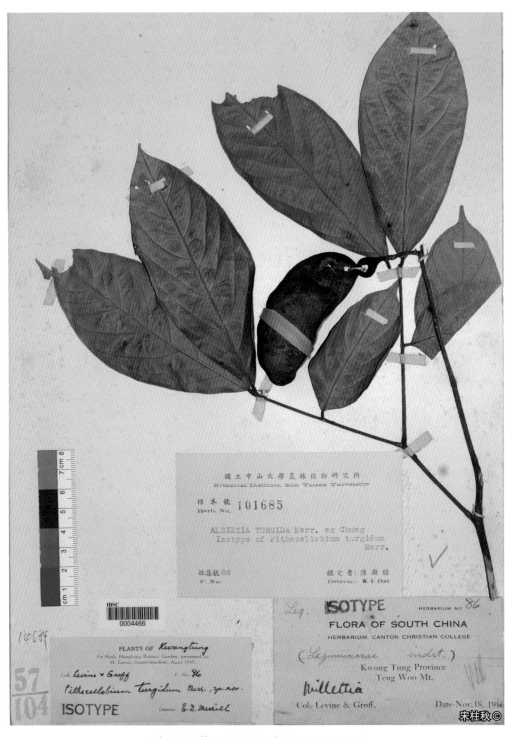

大叶合欢的等后选模式标本（IBSC0004466）

| 种子植物门 Spermatophyta | 豆科 Fabaceae |

127 薄毛茸荚红豆

Ormosia pachycarpa Champ. ex Benth. var. *tenuis* Chun ex R. H. Chang 植物分类学报，22（1）：14，1984

形态特征 | 常绿乔木。树皮灰绿色。全株无灰白色绵毛。奇数羽状复叶，小叶2对或3对，革质，倒卵状披针形，先端急尖并具短尖头，基部楔形，被弯曲褐色疏毛，侧脉18～22对，弧曲，在叶缘网结，上面平坦，下面明显隆起。圆锥花序顶生，花长约1厘米，近无柄；萼齿5，花冠白色，旗瓣近圆形，先端凹，翼瓣长椭圆形，龙骨瓣镰状，基部一侧耳形；雄蕊10枚，子房密被毛。荚果密被毛，椭圆形或近圆形，肿胀，两端钝圆，无隔膜，有种子1粒或2粒；种子肥厚，褐红色，种脐小，长约1毫米，位于长轴一侧稍偏。花期6—7月，果期12月。

生　　境 | 生于自然林中或山谷路旁。

模式标本 | 石国良13614；石国良1978年7月26日采于鼎湖九坑黄龙

薄毛茸荚红豆的主模式标本（IBSC0183470）

坑；保存于中国科学院华南植物园标本馆（IBSC0183470）和西北农林科技大学生命科学学院植物标本馆（WUK0425674）。

备　　注 | 该变种尽管被 *Flora of China*、《中国生物物种名录》和《广东高等植物红色名录》等文献所接受，但可能要被归并到云开红豆（*Ormosia merrilliana*），需要进一步调查和研究。

种子植物门 Spermatophyta	蔷薇科 Rosaceae

128 广东蔷薇

***Rosa kwangtungensis* T. T. Yu & H. T. Tsai** Bulletin of the fan memorial institute of biology，7：114，1936

形态特征｜攀缘小灌木。有长匍枝，小枝皮刺小。小叶5～7片，椭圆形、长椭圆形或椭圆状卵形，先端急尖或渐尖，基部宽楔形或近圆形，边缘有细锐锯齿，上面暗绿色，沿中脉有柔毛，下面被柔毛，沿中脉和侧脉较密，中脉突起，密被柔毛，有散生小皮刺和腺毛；托叶大部贴生于叶柄，离生部分披针形，边缘有不规则细锯齿，被柔毛。顶生伞房花序，有花4～15朵；总花梗和花梗密被柔毛和腺毛；花直径1.5～2厘米；萼片卵状披针形，先端长渐尖，全缘，两面有毛，边缘较密，外面混生腺毛；花瓣白色，倒卵形，比萼片稍短；花柱结合成柱，伸出，有白色柔毛，比雄蕊稍长。果实球形，紫褐色。花期3—5月，果期6—9月。

生　　境｜多生于山坡、路旁、河边或灌丛中，海拔100～500米。

模式标本｜陈焕镛（W. Y. Chun）6293；陈焕镛1928年5月4日采于鼎湖山（Tingwushan）；保存于中国科学院植物研究所标本馆（PE00020707）、中国科学院华南植物园标本馆（IBSC0004388、IBSC00248607）。

备　　注｜作者首次发表该种时指定 W. Y. Chun 6293（Herb. Fan. Inst. Biol. 即 PE）为模式标本，因此该号另外2份标本为等模式标本。广东蔷薇被评为"易危（VU）"等级（覃海宁 等，2017b），为国家二级重点保护野生植物。

广东蔷薇的等模式标本
（IBSC0004388）

种子植物门 Spermatophyta | 壳斗科 Fagaceae

129 鼎湖青冈

Quercus dinghuensis C. C. Huang 植物分类学报，16（4）：74，1978

形态特征 | 常绿乔木。一年生枝灰褐色，幼时被黄褐色卷曲厚绒毛，有纵沟槽及蜡层；二年生枝深灰色，无毛。叶片革质，长椭圆形，顶端圆，基部楔形或窄圆形，全缘，微反卷，中脉在叶面平坦，在叶背显著突起，侧脉每边12条或13条，幼叶两面被淡黄色厚绒毛，老时无毛；叶柄长1～1.5厘米。果序生于当年生枝顶端，长不及1厘米，果实常成对。果壳碗形，包着坚果约1/3，直径2～2.5厘米，高约1.8厘米，壁厚而坚硬，被淡褐色绒毛，后脱落；小苞片合生成4条或5条同心环带，环带全缘。坚果椭圆形，柱座明显，果脐微突起。

生　　境 | 生于海拔950米左右的山林中。

模式标本 | 丁广奇、石国良

鼎湖青冈的主模式标本（IBSC0001209）

2000；丁广奇、石国良1964年12月15日采于鼎湖山鸡笼山山坑；保存于中国科学院华南植物园标本馆（IBSC0001209）和西北农林科技大学生命科学学院植物标本馆（WUK0425306）。

备　　注 | 鼎湖青冈由中国科学院华南植物园黄成就（Cheng Chiu Huang）先生发表，是广东特有种，该种有时也被组合到青冈属 *Cyclobalanopsis dinghuensis*（C. C. Huang）Y. C. Hsu & H. W. Jen，但分子证据支持青冈属作为栎属下的一个组（Deng et al.，2018；Zhou et al.，2022）。鼎湖青冈被评为"易危（VU）"等级（覃海宁 等，2017b）或"极危（CR）"等级（Carrero et al.，2020；王瑞江，2022）。

种子植物门 Spermatophyta　　　　　秋海棠科 Begoniaceae

130 紫背天葵

Begonia fimbristipula **Hance** Journal of the Linnean Scociety，18（114）：202，1883

形态特征 ｜ 多年生矮小草本。地上茎近于无或有时长 1.5 厘米。叶均基生，具长柄；叶片两侧略不相等，轮廓宽卵形，先端急尖或渐尖状急尖，基部略偏斜，心形至深心形，边缘有大小不等三角形重锯齿，有时呈缺刻状，上面散生短毛，下面淡绿色，背面紫色，沿脉被毛，但沿主脉的毛较长，常有不明显白色小斑点，掌状7条或8条脉。花粉红色，数朵；雄花的花被片4，雄蕊多数；雌花的花被片3，子房3室。蒴果三角形，无毛，有3枚不等大的翅；种子小，淡褐色。花期5月，果期6月开始。

生　　境 ｜ 生于山地悬崖石缝中、山顶林下潮湿岩石上和山坡林下，海拔700～1 120米。

模式标本 ｜ C. Ford s. n.（Herb. Hance no. 22114）；C. Ford 1882年5月6日采于广东鼎湖山（Ting-ü-shan）；保存于英国自然历史博物馆（BM000583286）和英国邱园标本馆（K000251078）。

备　　注 ｜ 紫背天葵作为新种发表时作者引证了C. Ford于1882年5月6日采自鼎湖山和E. Faber于1882年9月22日采自罗浮山（Lo-fau-shan）的标本，并将二者统一标注为Herb. Hance no. 22114。该种在《广东高等植物红色名录》中被列为"易危（VU）"等级。

宋柱秋 ©

紫背天葵的等后选模式标本（K000251078）

种子植物门 Spermatophyta	大戟科 Euphorbiaceae

131 鼎湖巴豆

Croton dinghuensis H. S. Kiu Novon，22（3）：377，2013

≡ ***Croton dinghuensis*** H. S. Kiu 热带亚热带植物学报，6（2）：101，1998，nom. inval.

形态特征｜乔木。幼枝疏生白色星状毛，但无鳞片。叶片纸质，椭圆形，两面无毛，干燥时暗褐色，基部宽楔形，边缘近全缘或浅波状，中脉基部具无柄盘状腺体，先端渐尖或长渐尖；叶脉羽状。花序顶生，无毛；苞片披针形，苞片具一雌花或一雌花一雄花。雄花萼片长圆形，无毛；花瓣长圆形，先端具绵状毛，边缘短柔毛；雄蕊10枚；花丝无毛。雌花萼片5枚，披针形，无毛；花瓣无；花盘环状；子房密被白色星状毛；花柱3。蒴果近球形，干燥时带褐色，疏生星状短柔毛，萼片宿存；种子黄棕色，具白色斑点条纹。花期5—6月，果期7—10月。

生　　境｜生于海拔低于100～250米的石灰石地区稀疏或密林。

模式标本｜石国良、张坤明2763；石国良、张坤明1966年3月20日采于鼎湖水坑；保存于中国科学院华南植物园标本馆（IBSC0021637）。

备　　注｜丘华兴（1998）作为新种发表鼎湖巴豆时指定模式"G. L. Shi（石国良）2763（holotypus, IBSC, IBSD）"，由于提供了2个标本馆而没有明确保存在哪一个标本馆的标本为主模式，故未合格发表。鼎湖巴豆正式合格发表于2013年。该种在《广东高等植物红色名录》中被列为"易危（VU）"等级。

鼎湖巴豆的主模式标本（IBSC0021637）

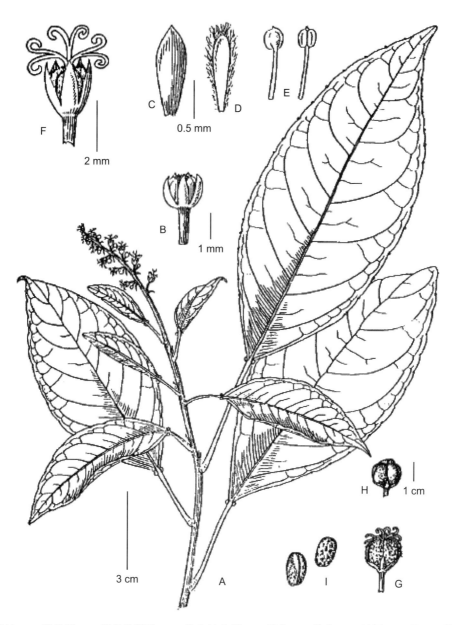

A. 花枝；B. 雄花蕾；C. 雄花的萼片；D. 雄花的花瓣；E. 雄蕊；F. 雌花；G. 幼果；H. 果；I. 种子
图片来源：丘华兴，1998. 热带亚热带植物学报，6（2）：101

种子植物门 Spermatophyta　　　　　　　　　大戟科 Euphorbiaceae

132 鼎湖血桐

Macaranga sampsonii Hance　Journal of botany, British and foreign，9：134，1871

形态特征｜灌木或小乔木。嫩枝、叶和花序均被黄褐色绒毛，小枝无毛，有时被白霜。叶片薄革质，浅的盾状着生，三角状卵形或卵圆形，顶端骤长渐尖，基部近截平或阔楔形，有时具斑状腺体2个，下面具柔毛和颗粒状腺体，叶缘波状或具腺的粗锯齿；掌状脉7～9条，侧脉约7对。雄花序圆锥状，苞片卵状披针形，顶端尾状，边缘具1～3枚长齿，苞腋具花5～6朵；雄花萼片3枚，雄蕊4（3～5）枚。雌花序圆锥状，苞片形状如同雄花序的苞片；雌花萼片3枚或4枚，子房2室，花柱2。蒴果双球形，具颗粒状腺体。花期5—6月，果期7—8月。

生　　境｜生于山地或山谷常绿阔叶林中，海拔200～800米。

模式标本｜T. Sampson s. n.（Herb. Hance no. 15620）；T. Sampson 1869—1870年采于鼎湖山（Ting-ü-shan）；保存于英国自然历史博物馆（BM000951484、BM000645882）、美国哈佛大学植物标本馆（GH00048176）和英国邱园标本馆（K001079402、K001079403）。

备　　注｜该种最初发表时作者引证的标本包括T. Sampson于2个不同时间（1869年6月15日和1870年7月10日）采自鼎湖山的标本，并全部标记为Herb. Hance no. 15620。我们在该编号下找到6份标本，实际包括了3个不同采集时间，即1869年6月15日（BM000951484、K001079402），1870年7月10日（BM000645882、GH00048176、K001079403）和1872年7月17日（P00635192），显然最后1份标本并非模式，前面5份为合模式标本。

宋柱秋©

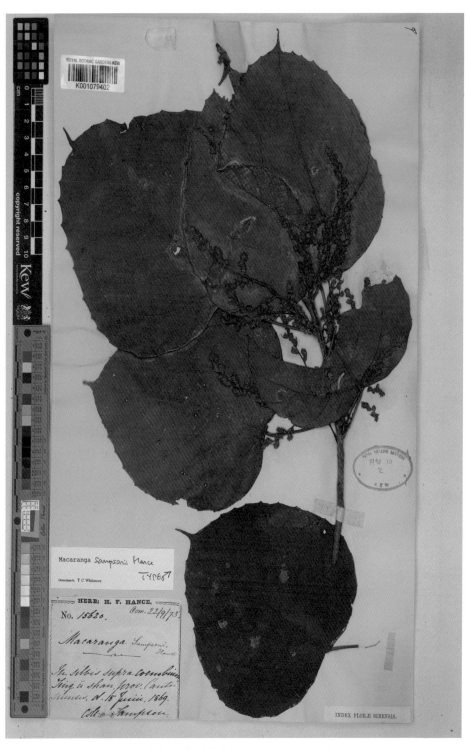

鼎湖血桐的合模式标本（K001079402）

种子植物门 Spermatophyta　　　　　　　桃金娘科 Myrtaceae

133 卫矛叶蒲桃

Syzygium euonymifolium（F. P. Metcalf）**Merr. & L. M. Perry**　Journal of the Arnold arboretum，19（3）：242，1938

≡ ***Eugenia euonymifolia*** **F. P. Metcalf**　Lingnan Science Journal，11（1）：22，1932

形态特征｜乔木。嫩枝圆形或压扁，有微毛，干后灰色，老枝灰白色。叶片薄革质，阔椭圆形，先端渐尖或尖尾，基部楔形，下延，干后上面灰绿色，无光泽，下面同色，两面多细小腺点，侧脉脉间相隔2～3毫米，在上面明显，在下面稍突起，靠近边缘1毫米处结合成边脉。聚伞花序腋生，长1厘米，有花6～11朵；花蕾长2.5毫米；花梗长1～1.5毫米；萼管倒圆锥形，长1.5～2毫米，萼齿4，短而钝；花瓣分离，圆形，长2毫米；雄蕊长2.5～3毫米；花柱与雄蕊同长。果实球形，直径6～7毫米。花期5—8月，果期12月至翌年1月。

生　　境｜生于开阔或茂密的森林、山坡、山谷或溪流边，海拔100～500米。

模式标本｜蒋英（Y. Tsiang）1549；蒋英1928年11月7日采于鼎湖山（Ting Wu Shan）古庙前；保存于美国哈佛大学阿诺德树木园标本馆（A00069404）、英国爱丁堡植物园标本馆（E00284610）、广西植物研究所标本馆（IBK00190668）和中国科学院华南植物园标本馆（IBSC0003875、IBSC0003876、IBSC0003877）。

备　　注｜该种最初发表时作者指定Y. Tsiang 1549为模式，并指出标本保存于美国哈佛大学阿诺德树木园标本馆，A00069404因而为主模式，而同号其余5份为等模式标本。

刘基柱 ©

卫矛叶蒲桃的等模式标本（IBSC0003876）

134 柳叶杜茎山

Maesa salicifolia **E. Walker**　Journal of the Washington academy of sciences，21（19）：480，1931

形态特征 | 直立灌木。叶片革质，狭长圆状披针形，长为宽的5倍以上，全缘，边缘强烈反卷，两面无毛，叶面中脉、侧脉印成深痕，其余部分隆起。总状花序或小圆锥花序，腋生，近基部有时有少数分枝，单生或2簇生或3簇生；花长3～4毫米，萼片卵形至阔卵形，具腺点或脉状腺条纹；花冠白色或淡黄色，管状或管状钟形，长3～4毫米，具脉状腺条纹，裂片阔卵形，长约1毫米；雄蕊着生于花冠管中部，在雄花中达花冠管上部，花药在雌花中退化，花丝极短；雌蕊在雄花中退化，在雌花中达花冠管喉部，柱头3或4裂。果实球形或近卵圆形，具脉状腺条纹及皱纹。花期1—2月，果期9—11月。

生　　境 | 生于石灰岩山坡或杂木林中阴湿处。

模式标本 | C. O. Levine & G. W. Groff 45；C. O. Levine 和 G. W. Groff 1916年11月18日采于鼎湖山（Teng Woo Mountain）；保存于美国哈佛大学阿诺德树木园标本馆（A00025494、A00025495）和美国史密森研究院植物标本馆（US00113693）。

备　　注 | 作者首次描述该种时，明确指定保存于美国纽约植物园标本馆（NY）的 Canton Christian College no. 45 为模式标本，但我们未找到该份标本，同号的另外3份标本应为等模式。另外，我们注意到有一个更早的同名 *Maesa salicifolia* Griff. 1848，但被认定为"裸名"（nomen subnudum），因为仅有采集者的一个简短随记，没有构成合格发表。

宋柱秋©

柳叶杜茎山的等模式标本（A00025494）

种子植物门 Spermatophyta　　　　　　　　山茶科 Theaceae

135 长尾多齿山茶

***Camellia longicaudata* H. T. Chang & S. Y. Liang** 中山大学学报（自然科学）论丛（1）：83，1981

　　形态特征｜小乔木。嫩枝无毛。叶片革质，披针形，长10～14厘米，宽2～3厘米，先端长尾状，基部楔形，有时钝或略圆，上面干后深褐色，稍发亮，下面黄褐色，无毛，侧脉7对或8对，与中脉在上面陷下，在下面突起，边缘密生细锯齿，齿刻相隔1.5毫米。花顶生，红色，无柄；苞片及萼片10枚，最外2枚阔卵形，有中肋，被毛，内侧的近圆形，背面有绢毛；花瓣9片，基部连生；雄蕊无毛，有短花丝管；子房无毛；花柱长1厘米，无毛，先端3裂。花期7—8月，果期9—10月。

　　生　　　境｜生于低海拔山地常绿林中或水边阴湿处。

　　模式标本｜丁广奇、石国良830；丁广奇、石国良1963年8月3日采自鼎湖山龙船坑；保存于中国科学院华南植物园标本馆（IBSC0003518）和中国科学院西双版纳热带植物园标本馆（HITBC008967）。

　　备　　　注｜该种发表时作者指定丁广奇、石国良830（SYS）为模式，但我们未找到这份主模式标本。本种有时也处理为变种 *Camellia polyodonta* F. C. How ex Hu var. *longicaudata*（Hung T. Chang & S. Ye Liang）T. L. Ming。

长尾多齿山茶的等模式标本（IBSC0003518）

种子植物门 Spermatophyta	杜鹃花科 Ericaceae

136 广东金叶子

Craibiodendron scleranthum（Dop）**Judd var.** *kwangtungense*（S. Y. Hu）**Judd** Journal of the Arnold arboretum，67（1）：457，1986

≡ *Craibiodendron kwangtungense* **S. Y. Hu** Journal of the Arnold arboretum，35（2）：198，1954

形态特征 | 常绿乔木。树皮深红褐色，不规则纵裂。叶片革质，椭圆形或披针形，全缘，两端渐狭，表面有光泽，背面色较淡，中脉在表面凹陷，在背面隆起，侧脉18～20对，至叶边缘网结，网脉明显。总状花序腋生，花萼杯状，疏被柔毛，裂片近圆形；花冠短钟形，被毛；雄蕊10枚，不伸出花冠外，花丝无毛，花药基部近囊状。蒴果扁球形，顶部凹陷，外果皮木质化；种子近卵圆形，具纵条纹，翅歪斜。花期5—6月，果期7—8月。

生　　境 | 生于海拔600米以上的山地。

模式标本 | 蒋英（Y. Tsiang）792；蒋英1928年7月5日采于鼎湖山；保存于美国哈佛大学阿诺德树木园标本馆（A00014806）、英国邱园标本馆（K000780202）、江苏省中国科学院植物研究所标本馆（NAS00072014、NAS00072015）、美国纽约植物园标本馆（NY0009953）、法国国家自然历史博物馆（P00715640）、中国科学院植物研究所标本馆（PE00194448）和四川大学生物系植物标本室（SZ00045632）。

备　　注 | 广东金叶子作为新种发表时作者指定了2号模式，即采自鼎湖山（Ting-wu-shan）的 Y. Tsiang 792（花模式）和采自广西十万大山（Seh-feng-dar shan）的 R. C. Ching 8293（果模式），因为早于1958年故为合格发表。Judd（1986）建立新组合 *Craibiodendron scleranthum* var. *kwangtungense* 时指定后选模式 Y. Tsiang 792（A），而同号其余标本则均为等后选模式。

程德洪 梁恒然©

广东金叶子的后选模式标本（A00014806）

种子植物门 Spermatophyta　　　　　杜鹃花科 Ericaceae

137 草地越橘

***Vaccinium pratense* P. C. Tam ex C. Y. Wu & R. C. Fang** 云南植物研究，9（4）：383，1987

　　形态特征 │ 常绿灌木。幼枝密被短柔毛。叶片革质，椭圆形或卵状椭圆形，长2.4～3.6厘米，宽1.3～2厘米，顶端锐尖、短渐尖或骤尖，基部宽楔形至钝圆，边缘全缘，不反卷或略反卷，中部以下两侧各有2～5个腺体，叶面密被微柔毛，背面伏生具腺短毛。总状花序生枝条上部叶腋，长4.5～6.5厘米，有（5～）7～10朵花，苞片早落，花梗与萼筒间明显有关节，花萼筒部口部5裂，裂片三角形；花冠紫红色，钟状，长6～7毫米，5裂，裂片卵状三角形；雄蕊10枚，花丝扁平，两侧被微毛，药室背部有2伸展的距，药管长为药室的2倍。浆果球形，冠以宿存的萼裂片。花期5月，果期7月。

　　生　　境 │ 生于山坡林中石上，海拔900～1 000米。

　　模式标本 │ 石国良11390；石国良1975年5月16日采于鼎湖山鸡笼山山坑；保存于中国科学院华南植物园标本馆（IBSC0456979）。

　　备　　注 │ 草地越橘为9种鼎湖山特有植物之一，其余8种为海桐叶木姜子、鼎湖铁线莲、鼎湖双束鱼藤、鼎湖报春苣苔（*Primulina fordii* var. *dolichotricha*）、鼎湖后蕊苣苔、绵毛马铃苣苔（*Oreocharis nemoralis* var. *lanata*）、拟红紫珠（*Callicarpa pseudorubella*），以及鼎湖紫珠。草地越橘在《广东高等植物红色名录》中被列为"数据缺乏（DD）"，显然需要进一步调查。

宋柱秋©

宋柱秋©

草地越橘的主模式标本（IBSC0456979）

种子植物门 Spermatophyta | 茜草科 Rubiaceae

138 剑叶耳草

Hedyotis caudatifolia **Merr. & F. P. Metcalf** Journal of the Arnold arboretum，23：228，1942

形态特征 │ 亚灌木。全株无毛。叶对生，革质，常披针形，上面绿色，下面灰白色，先端尾状渐尖，基部楔形或下延；托叶阔卵形，短尖，全缘或具腺齿。聚伞花序排成疏散的圆锥花序式；苞片披针形或线状披针形；花4数，具短梗；萼管陀螺形，萼裂片卵状三角形，与萼等长；花冠白色或粉红色，长6～10毫米，里面被长柔毛，冠管管形，喉部略扩大，长4～8毫米，裂片披针形，无毛或里面被硬毛；花柱与花冠等长或稍长，伸出或内藏，无毛，柱头2。蒴果长圆形或椭圆形，无毛，成熟时开裂为2个果瓣，每个果瓣再开裂。花期5—6月。

宋柱秋 ©

生　　境 │ 常见于丛林下比较干旱的砂质土壤上或见于悬崖石壁上。

模式标本 │ 陈焕镛（W. Y. Chun）6385；陈焕镛1928年5月5日采于鼎湖山（Ting Wu Shan）密林中；保存于北京大学生物系植物标本室（PEY0040624、PEY0040625）、美国哈佛大学阿诺德树木园标本馆（A00097148），以及英国爱丁堡植物园标本馆（E00327666）。

备　　注 │ 该种首次发表时，作者指定 W. Y. Chun 6385（A）为模式，因此同号的另外3份标本为等模式。

剑叶耳草主模式标本（A00097148）

139 鼎湖耳草

Hedyotis effusa **Hance** Journal of botany, British and foreign，8：11，1879

形态特征 | 直立草本。无毛，茎柔弱。叶对生，纸质，卵状披针形，顶端短尖而钝，基部近圆形或楔形；侧脉纤细，不明显；托叶阔三角形或截平，顶部具一尖头，全缘。花序顶生，为二歧分枝的聚伞花序，圆锥式排列，总花梗纤细；花4数，具花梗；萼管卵形，萼裂片三角形；花冠漏斗形，长3毫米；花柱伸出，柱头2裂。蒴果近球形，顶部平，成熟时开裂为2个果瓣，果瓣腹部直裂，内有种子数粒；种子具棱，细小。花期7—9月。

生　境 | 生于林下或山谷溪旁，有时亦见于湿润的山坡上。

模式标本 | T. Sampson s. n.（Herb. Hance no. 11230）；T. Sampson1864年6月采于西江（很可能在鼎湖山）；保存于英国自然历史博物馆（BM000945084）和英国邱园标本馆（K000760557）。

备　注 | Hance发表该种时引证"Secus fl. West River, prov. Cantonensis, m. Junio, 1864, coll. T. Sampson（Herb. propr. n. 11230）"，我们发现Herb. Hance no. 11230有3份标本，均为T. Sampson采自"West River"。其中K000760556明确记载采自鼎湖山（Ting-ú-shan），但该份标本的采集时间为1870年7月10日。

宋柱秋©

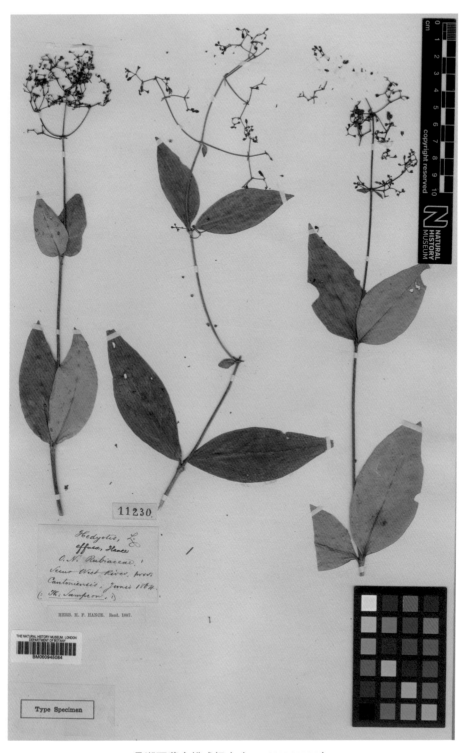

鼎湖耳草合模式标本（BM000945084）

| 种子植物门 Spermatophyta | 茜草科 Rubiaceae |

140 广州蛇根草

Ophiorrhiza cantoniensis **Hance** Annales des sciences naturelles: botanique，4（18）：222，1862

形态特征 │ 草本或亚灌木。茎基部匍地，节上生根，上部直立。叶片纸质，通常长圆状椭圆形，长12～16厘米，有时较小，顶端渐尖或骤然渐尖，基部楔形或渐狭，干时上面灰褐色或灰绿色，下面淡绿色或黄褐色，通常两面无毛或上面散生稀疏短糙毛，有时上面或两面被很密的糙硬毛，侧脉每边9～12条，极少多达15条；托叶早落。花序顶生，圆锥状或伞房状；花2型，花柱异长；小苞片钻形或线形，结果时宿存；萼管陀螺状，萼裂片比萼管短，花冠白色或微红色，裂片近三角形，背部有阔或稍阔的翅。蒴果僧帽状，近无毛；种子很多，细小而有棱角。花期冬春，果期春夏。

生　　境 │ 常生于密林下沟谷边。

模式标本 │ T. Sampson s. n.（Herb. Hance no. 9012）；T. Sampson 1862年1月采于鼎湖山（Ting i shan, prov. Cantoniensis）；保存于英国自然历史博物馆（BM000901218）、英国邱园标本馆（K000740553）和美国哈佛大学植物标本馆（GH00095970）。

备　　注 │ 该种的加词*cantoniensis*是指广东省，*Flora of China*误拼为*cantonensis*。

宋柱秋 ©

No. 9012.

Ophiorrhiza cantoniensis
Hance

Prope Capsum aquae ad
fauces, fl. West River, King-
quine dictas, d.l. Feb. 1867.
T. Sampson

广州蛇根草的合模式标本（GH00095970）

种子植物门 Spermatophyta　　　　　夹竹桃科 Apocynaceae

141 假木通

Jasminanthes chunii（Tsiang）**W. D. Stevens & P. T. Li** Novon，5（1）：10，1995

≡ ***Stephanotis chunii*** **Tsiang** Sunyatsenia，3（2/3）：165，1936

形态特征｜藤状灌木。嫩枝被微毛，老枝无毛。叶片纸质，卵形或宽卵状长圆形，长7～10.5厘米，宽4～6.5厘米，基部心形，侧脉近扁平，每边6条或7条；叶柄顶端有丛生腺体。总花梗和花梗密被短柔毛；花萼裂片长圆形，外面被短柔毛，内面有腺体；花冠白色，有香气，含黑色液汁；花冠筒长7～8毫米，裂片长圆状镰刀形，长7毫米，有缘毛；副花冠小，着生于雄蕊背面；子房无毛，心皮2枚离生，柱头膨大，基部五角形。花期5—6月。

生　境｜生于海拔600～850米的山地潮湿密林中，攀缘于大树上。

模式标本｜陈焕镛（W. Y. Chun）6417；陈焕镛1928年5月6日采于鼎湖山（Ting Wu Shan）；保存于中国科学院华南植物园标本

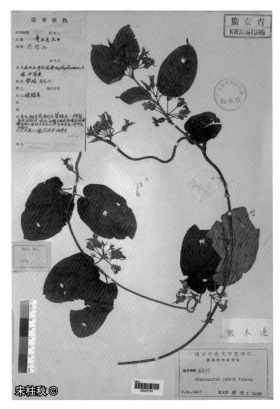

假木通的主模式标本（IBSC0005734）

馆（IBSC0005734）、中国科学院植物研究所标本馆（PE00029525、PE00029591、PE00029592），以及英国邱园标本馆（K000873060）。

备　注｜假木通作为新种的发表者是当时任教于中山大学的蒋英（Ying Tsiang，1898—1982）。蒋英先生可能是第三个对鼎湖山进行植物标本采集的中国学者，1928年7月3—6日在鼎湖山采集了105号标本（#740～844），当年11月5—8日又在鼎湖山采集了80号标本（#1480～1559），后面的研究者还以792号标本为模式发表了广东金叶子，以1549号标本为模式发表了卫矛叶蒲桃。

142 盾果草

***Thyrocarpus sampsonii* Hance** Annales des sciences naturelles：botanique，4（18）：225，1862

形态特征｜一年生草本。茎1条至数条，常自下部分枝，有开展的长硬毛和短糙毛。基生叶丛生，有短柄，匙形，全缘或有疏细锯齿，两面都有具基盘的长硬毛和短糙毛；茎生叶较小，无柄，狭长圆形或倒披针形。花序长7～20厘米；苞片狭卵形至披针形，花生苞腋或腋外；花梗长1.5～3毫米；花萼背面和边缘有开展的长硬毛，腹面稍有短伏毛；花冠淡蓝色或白色，显著比萼长，喉部附属物线形，肥厚，有乳头突起，先端微缺；雄蕊5枚，着生花冠筒中部。小坚果4颗，黑褐色，碗状突起的外层边缘颜色较淡，伸直，先端不膨大。花果期5—7月。

生　　境｜生于山坡草丛或灌丛下。

模式标本｜T. Sampson s. n.（Herb. Hance no. 9014）；T. Sampson 1862年1月采于鼎湖山（Ting-i-shan，prov. Cantoniensis）；保存于英国自然历史博物馆（BM001014435）和英国邱园标本馆（K000998414）。

备　　注｜Hance（1862）描述新种 *Thyrocarpus sampsonii*，并基于该种建立新属 *Thyrocarpus*，提供的凭证标本信息"Ad Ting-i-shan, prov. Cantoniensis, m. Januario 1861, leg. cl. Sh. Sampson.（Herb. propr., n. 9014.）"。我们查到的3份标本包括了2个不同的采集时间，即1862年1月（BM001014435、K000998414）和1866年9月（K000998416），显然因为晚于发表时间，后者不属于模式标本。另外，论文中的年份"1861"可能是误记，实际应该是1862年。

盾果草的合模式标本（BM001014435）
©Copyright of the National History Museum

陈又生 ©

盾果草的合模式标本（K000998414）

种子植物门 Spermatophyta	木樨科 Oleaceae

143 厚叶素馨

Jasminum pentaneurum **Hand.-Mazz.** Anzeiger der akademie der wissenschaften in Wien, mathematische-naturwissenschaftliche klasse，59：110，1922

形态特征 │ 攀缘灌木。叶对生，单叶，革质，宽卵形、卵形或椭圆形，有时几乎近圆形或稀披针形，先端渐尖或尾状渐尖，基部圆形或宽楔形，稀心形，两面无毛，具网状乳突，常具褐色腺点，基出脉5条或3条，叶柄下部具关节。聚伞花序密集似头状，顶生或腋生，有花多朵，花序梗具节；花序基部有1对或2对小叶状苞片，近无柄，其余苞片呈线形；花萼裂片6枚或7枚，线形，长0.5～1.4厘米；花冠白色，裂片6～9枚，披针形或长圆形，长1～2厘米，先端圆钝或渐尖；花柱异长。果实球形、椭圆形或肾形，黑色。花期8月至翌年2月，果期2—5月。

生　　境 │ 生于海拔900米以下的山谷、灌丛或混交林中。

模式标本 │ R. E. Mell 215；R. E. Mell 1918年3月26日采于鼎湖山（Dingwu-schan）；保存于奥地利维也纳大学标本馆（WU0060943）。

备　　注 │ 厚叶素馨最初作为新种发表时，作者引证了2号采自广东的标本，即 R. E. Mell 922（Luntou-schan）和215（Dingwu-schan），Karthigeyan等（2018）定后者为该种的后选模式。

宋柱秋 ©

厚叶素馨的后选模式标本（WU0060943）

种子植物门 Spermatophyta　　　　　　苦苣苔科 Gesneriaceae

144 大叶石上莲

Oreocharis benthamii **C. B. Clarke**　Monographle phanerogamarum，5（1）：63，1883

≡ *Didymocarpus oreocharis* **Hance**　Annales des sciences naturelles：botanique，5（5）：230，1866

　　形态特征 | 多年生草本。叶丛生，具长柄；叶片椭圆形或卵状椭圆形，边缘具小锯齿或全缘，上面密被短柔毛，下面密被褐色绵毛；叶柄亦密被褐色绵毛。聚伞花序2次或3次分枝，每花序具花8～11朵；苞片2枚，线状钻形；花萼5裂至基部，裂片相等，线状披针形；花冠淡紫色或白色，外面被短柔毛；花冠筒喉部不缢缩，檐部稍二唇形；能育雄蕊4枚，花药宽长圆形，药室不汇合；花盘环状；雌蕊无毛，柱头1，盘状。蒴果线形或线状长圆形，顶端具短尖，外面无毛。花期8月，果期10月。

　　生　　境 | 生于岩石上，海拔200～400米。

　　模式标本 | T. Sampson s. n.（Herb. Hance no. 7561）；T. Sampson 1861年夏采于鼎湖山；保存于英国自然历史博物馆（BM001124524）。

　　备　　注 | 该种最初发表时作者引证的标本包括多个时间采自多个地点的标本，并全部标记为Herb. Hance no. 7561。我们查找到该编号的5份标本，其中BM001124524于1861年夏采自鼎湖山（Ting-u-shan），是目前采自鼎湖山最早的植物标本，BM001124525于1864年7月采自北江（North River），K000858122于1864年夏采自华南（China australis），K000858123于1867年8月采自白云山（Pak-wan-shan），GH00353695于1867年7—8月采自白云山。显然，后2份标本采集时间晚于发表时间，因而不属于模式标本。

宋柱秋 ©

韦毅刚 ©

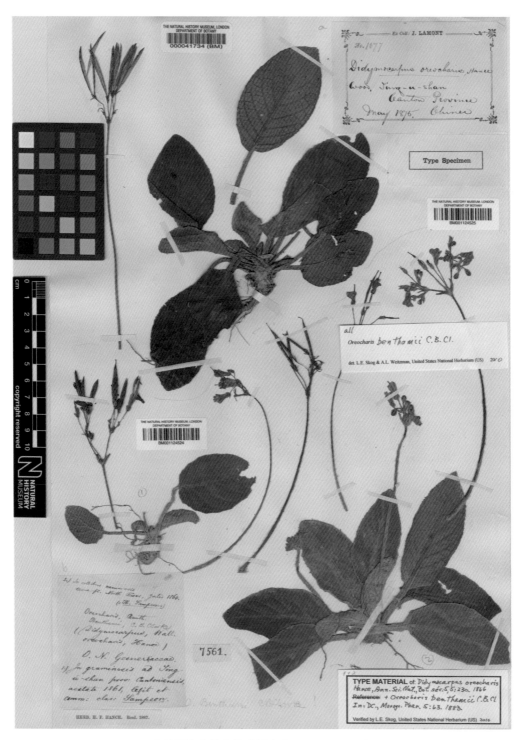

大叶石上莲的合模式标本（BM001124524）

种子植物门 Spermatophyta　　　　　　苦苣苔科 Gesneriaceae

145 鼎湖后蕊苣苔

Oreocharis dinghushanensis（**W. T. Wang**）**Mich. Möller & A. Weber** Phytotaxa，23：20，2011

≡ ***Opithandra dinghushanensis* W. T. Wang** 植物研究，7（2）：10，1987

　　形态特征｜多年生草本。叶基生，叶片干时草质，狭椭圆形或椭圆状卵形，顶端急尖，基部宽楔形，稍斜，边缘全缘或不明显浅波状，两面均稍密被贴伏白色短糙伏毛。聚伞花序有花2朵；苞片对生，条形；花萼5裂达基部，裂片披针形；花冠淡白紫色；花冠筒细漏斗形；花冠二唇形，上唇2裂近基部，下唇3浅裂；能育雄蕊位于上方；花药卵圆形；退化雄蕊2枚，位于下方；花盘环状；子房被短柔毛；花柱被极短的腺状柔毛；柱头2。蒴果线形或线状长圆形。花期10月。

　　生　　境｜生于山谷林下石上。

　　模式标本｜石国良12470；石国良1976年10月30日采于鼎湖山铁炉坑；保存于中国科学院华南植物园标本馆（IBSC0649600）。

　　备　　注｜鼎湖后蕊苣苔为鼎湖山特有种，在《广东高等植物红色名录》中被列为"易危（VU）"等级。其模式标本采集人石国良原名石国樑（1938.9.15—2022.6.9），1956年到鼎湖山自然保护区管理局（鼎湖山树木园）工作，在鼎湖山采集了约8 000号标本（其中与丁广奇共同采集了约2 600号标本），包括苔藓、蕨类和种子植物，对全面了解鼎湖山植物做出了重要贡献。以他采集的标本为模式，后面的研究者共描述了15个新分类群，除了本种外，还有东方网藓、鼎湖山毛轴线盖蕨、鼎湖细辛、广防己、草地越橘、鼎湖巴豆、鼎湖双束鱼藤、薄毛荳荚红豆、鼎湖青冈、绵毛马铃苣苔、鼎湖报春苣苔、海桐叶木姜子、鼎湖铁线莲、长尾多齿山茶。

宋柱秋©

韦毅刚 ©

种子植物门 Spermatophyta   苦苣苔科 Gesneriaceae

146 绵毛马铃苣苔

Oreocharis nemoralis Chun var. *lanata* Y. L. Zheng & N. H. Xia　热带亚热带植物学报，10（1）：34，2002

　　形态特征｜多年生小草本，高5～7厘米。叶基生，具长柄；叶片椭圆形、卵状椭圆形、稀长圆形、卵状长圆形或椭圆状长圆形，长1.5～3.5（～4）厘米，宽1～2.5厘米，顶端圆形或钝，基部稍偏斜，圆形或稍心形，边缘具不整齐细锯齿，叶上面被银白色的绵毛，下面被棕色的绵毛。聚伞花序1条或2条，每花序具花1～3朵；苞片2枚，线形；花萼5裂达基部，裂片狭线形；花冠紫色；花冠筒长喉部缢缩，近基部稍膨大；檐部二唇形，上唇2裂，下唇3裂；能育雄蕊4枚，花药宽长圆形；花盘环状；雌蕊无毛；子房长圆形，柱头1，盘状。蒴果倒披针形。

　　生　　境｜生于山谷林下石上。

　　模式标本｜石国良13547；石国良1978年7月6日采于鼎湖山鸡笼山山坑；保存于中国科学院华南植物园标本馆（IBSC0097120）和西北农林科技大学生命科学学院植物标本馆（WUK0425610）。

绵毛马铃苣苔的主模式标本（IBSC0097120）

种子植物门 Spermatophyta | 苦苣苔科 Gesneriaceae

147 鼎湖报春苣苔

Primulina fordii（Hemsl.）**Yin Z. Wang var.** *dolichotricha*（W. T. Wang）Mich. Möller & A. Weber Taxon，60（3）：782，2011

≡ *Chirita gueilinensis* **W. T. Wang var.** *dolichotricha* **W. T. Wang** 植物研究，2（4）：50，1982

形态特征｜多年生小草本。叶基生；叶片狭椭圆形或菱状椭圆形，两侧稍不对称，长2.5～7.5厘米，宽1.4～4厘米，顶端微钝或钝，基部斜楔形，边缘具浅钝齿，叶面被短柔毛，上面稀疏，毛长或4～5毫米，或0.8～1.5毫米，下面密。花序1～4条，每花序有花1～5朵；苞片对生，线形或长椭圆形，长2～4毫米；花萼5裂至基部，裂片狭披针形，宽1.2～2毫米；花冠粉红色；花冠筒近筒状或细漏斗状。能育雄蕊的花丝在中部稍膝状弯曲，花药被柔毛；退化雄蕊2枚，疏被短腺毛，顶端头状；花盘环状；子房与花柱密被柔毛，柱头2，裂片三角形。花期3—4月。

生　　境｜生于山谷石上或林中溪边。

模式标本｜石国良12822；石国良1977年4月27日采于鼎湖山鸡笼山山坑石上；保存于中国科学院华南植物园标本馆（IBSC0649562）。

备　　注｜鼎湖报春苣苔为鼎湖山特有的变种，但是该变种很可能要归并到桂粤报春苣苔原变种（*Primulina fordii* var. *fordii*）。

宋柱秋 ©　　韦毅刚 ©

种子植物门 Spermatophyta　　　　　苦苣苔科 Gesneriaceae

148 长筒漏斗苣苔

Raphiocarpus macrosiphon（**Hance**）**Burtt** Beiträge zur biologie der pflanzen，70（2/3）：174，1998

≡ *Chirita macrosiphon* Hance Annales des sciences naturelles：botanique，5（5）：231，1866

形态特征｜多年生草本，具匍匐茎。叶多集生于茎顶端；叶片卵状椭圆形，大小不等，通常长5～12厘米，宽3～8厘米，顶端急尖，基部偏斜或近圆形，边缘具小齿或近全缘，两面被深褐色或淡褐色长柔毛，沿叶脉较密集。聚伞花序腋生，具花1～3朵；苞片长圆形，长约2.5毫米；花萼外面疏被长柔毛，5裂至近基部，裂片近相等，线形，全缘；花冠橙红色，长6～7厘米，中部以下突然变细成细筒状，外面被疏柔毛；花冠筒长约4.5厘米；上唇2裂，下唇3裂，全部裂片卵圆形。雄蕊4枚，花药狭长圆形，中部缢缩，每对不等大，顶端连着，2室，药室汇合；退化雄蕊不存在；花盘边缘不整齐。雌蕊无毛，长约5厘米，子房与花柱等长，柱头2。蒴果长6～8厘米，无毛。花期7—8月，果期8—10月。

生　　境｜生于路旁及林下潮湿的岩石上，海拔200～800米。

模式标本｜T. Sampson s. n.（Herb. Hance no. 7562）；T. Sampson采自鼎湖山（Ting-ú-shan）；保存于英国自然历史博物馆（BM000041740）。

韦毅刚©　　宋柱秋©　　宋柱秋©

种子植物门 Spermatophyta　　　　　　唇形科 Lamiaceae

149 拟红紫珠

Callicarpa pseudorubella **Hung T. Chang** 植物分类学报，1（3/4）：287，1951

形态特征 | 亚灌木或灌木。小枝圆柱形，被灰褐色星状毛，节间短，花序排列稠密。叶片长椭圆状披针形，长3～5.5厘米，宽1.5～2厘米，顶端渐尖，基部钝或圆形，表面近无毛，背面脉上疏生星状毛，两面密生细小黄色腺点，侧脉5对或6对；边缘有锯齿；叶柄长3～5毫米，与花序均密被灰褐色星状毛。聚伞花序于叶腋稍上方对生，3次分歧，花序梗长8～10毫米；苞片细小；花萼长约1毫米，被单毛及黄色腺点，萼齿不明显；花冠粉红色，长约2毫米，略有单毛，顶端4裂，裂片长圆形；雄蕊略长于花冠；药室纵裂；子房无毛，有黄色腺点。果实球形，径约2毫米。花期6月。

生　　　境 | 生于山坡路旁、疏林下。

模式标本 | 刘守仁（S. Y. Lau）20149；刘守仁1932年7月22—29日采于鼎湖山（Ting Woo Shan, Mai Tap Kong）；保存于中国科学院华南植物园标本馆（IBSC0005039）、江苏省中国科学院植物研究所标本馆（NAS00072372），以及中山大学植物标本室（SYS00096058）。

备　　　注 | 拟红紫珠是广东特有种，为任职于中山大学的张宏达（Hung-Ta Chang）发表，此外他还发表了另外3个以鼎湖山为模式产地的植物，即鼎湖紫珠、长尾多齿山茶及 *Camellia subglabra*。张宏达先生曾在1953—1955年带领中山大学生物系植物专业的同学到鼎湖山进行了3次野外实习，并在1955年以第一作者发表"广东高要鼎湖山植物群落之研究"一文。这是鼎湖山最早的生态学研究，开启了后来更多更全面的调查和研究，由此奠定了鼎湖山在我国生态学研究中重要的地位。

拟红紫珠的主模式标本（IBSC0005039）

| 种子植物门 Spermatophyta | 唇形科 Lamiaceae |

150 鼎湖紫珠

***Callicarpa tingwuensis* Hung T. Chang** 植物分类学报，1（3/4）：302，1951

形态特征 | 灌木，高约1.5米。嫩枝被黄褐色星状毛。叶片椭圆形或长椭圆形，长14～20厘米，宽5～8.5厘米，顶端渐尖，基部稍歪斜，钝圆或宽楔形，表面脉上有短毛，背面被星状柔毛，侧脉10～12对，边缘有小齿尖；叶柄长1～1.5厘米，被星状毛。聚伞花序3次或4次分歧，宽1.5～2.5厘米，被黄褐色星状毛，花序梗长约5毫米，花柄长约1毫米；苞片细小；花萼长约1毫米，截头状，外被星状毛；花冠白色，长3～4毫米，稍被细毛；花丝短于花冠；花药长圆形，长约1.5毫米，顶端孔裂；子房密被星状毛；花柱长约5毫米。果实径约3毫米，外被星状毛。花期5月，果期9—10月。

生　　境 | 生于疏林中或溪旁。

模式标本 | 吴印禅、张宏达4321；吴印禅、张宏达1950年5月28日采于鼎湖山庆云寺后山；保存于中国科学院华南植物园标本馆（IBSC0005044、IBSC0569918）。

备　　注 | 鼎湖紫珠为鼎湖山特有种。

宋柱秋 ©

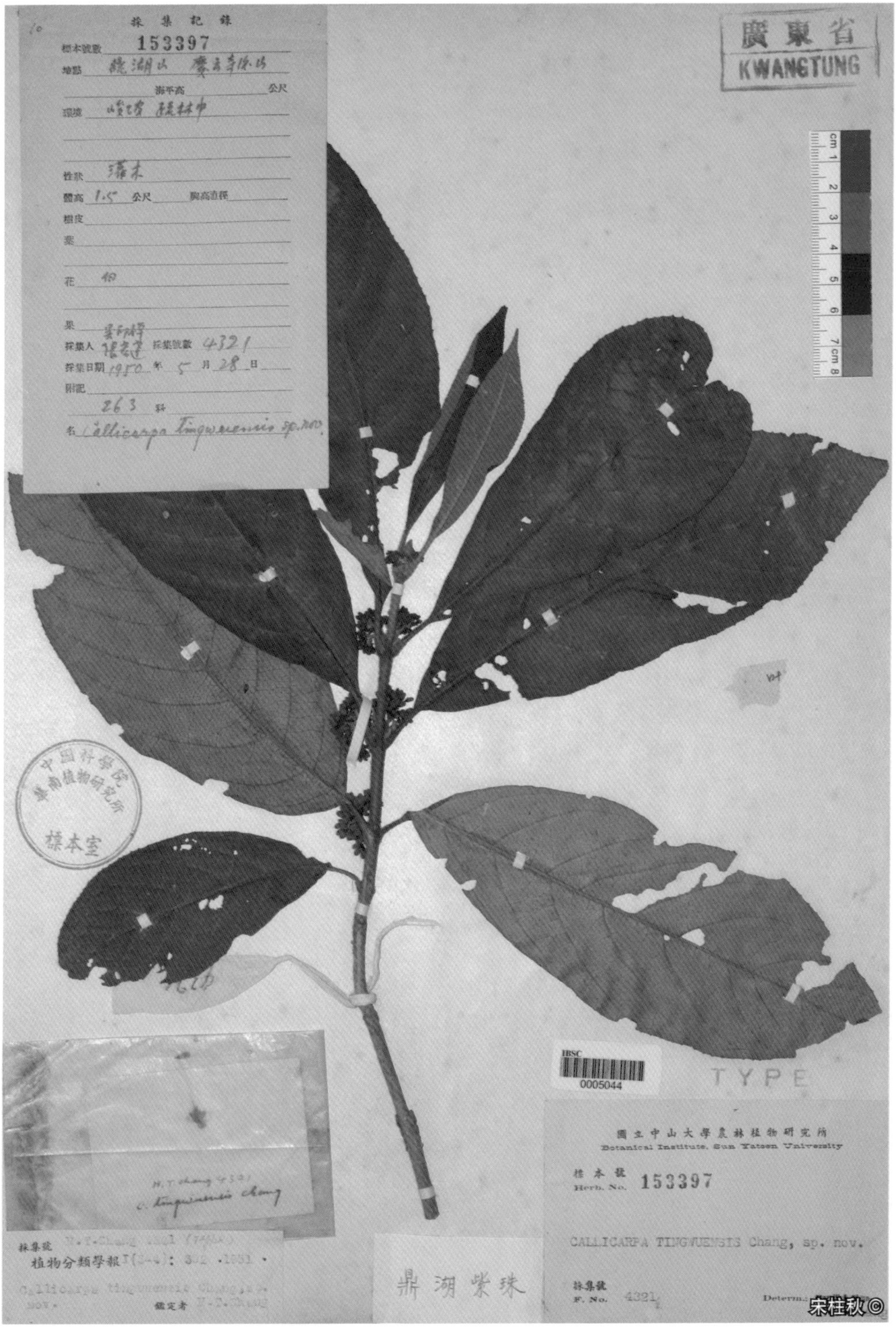

鼎湖紫珠的主模式标本（IBSC0005044）

种子植物门 Spermatophyta　　　　　　　唇形科 Lamiaceae

151 广东牡荆

Vitex sampsonii **Hance**　Journal of botany, British and foreign，6（6）：115，1868

形态特征｜灌木。小枝四棱形，疏被柔毛或近无毛，叶芽密生淡黄褐色细毛。叶对生，小叶3～5对，倒卵形或倒卵状披针形至椭圆状披针形，上部有锯齿，顶端钝，急尖或渐尖，基部狭楔形，近无柄或有短柄，两面绿色，近无毛；中间小叶片长1.5～4厘米，宽1～2厘米，两侧小叶片依次渐小。聚伞花序紧密排列成有间隔的顶生圆锥花序；苞片全缘或有分裂；花萼钟状，长约3毫米，在果熟时长达5毫米，近无毛或稍有毛，5裂，裂齿长三角形，顶端渐尖；花冠蓝紫色，长约1厘米，外被细毛，二唇形，下唇中间裂片较大；雄蕊4枚，花丝基部着生处有柔毛；花柱无毛，柱头2。果实近球形。花果期5—9月。

生　　境｜生于山坡路旁或荒草地。

模式标本｜T. Sampson s. n.（Herb. Hance no. 13841）；T. Sampson 1867年5月26日采于鼎湖山（Ting-ú-shán）；保存于英国自然历史博物馆（BM000757521）和英国邱园标本馆（K000910238）。

备　　注｜该种最初发表时作者提供了标本信息"Ad vias prope Ting-ú-shán, prov. Cantoniensis, d. 26 Maii 1867, coll. cl. Sampson.（Exsicc. n. 13841）"。但我们查找到Herb. Hance no. 13841有10份标本，至少有4个不同的采集时间，即1867年5月26日（BM000757521、K000910238）、1869年6月（NY00138482、P02428152、P00689620）、1870年7月（K000910239、P00689622）和1872年7月（K000910240、P00689621），另有1份采集时间不详（NY00138481）。其中，只有采集于1867年5月26日的2份标本为模式标本，其余8份由于采集时间晚于发表时间（1868年）而不能作为模式标本处理。广东牡荆在《广东高等植物红色名录》中被列为"濒危（EN）"等级。

广东牡荆的等模式标本（K000910238）

种子植物门 Spermatophyta　　　荚蒾科 Viburnaceae

152 南方荚蒾

***Viburnum fordiae* Hance** Journal of botany, British and foreign，21：321，1883

形态特征 | 灌木或小乔木。冬芽有2对鳞片，幼枝、芽、叶柄、花序、萼和花冠外面均被由暗黄色或黄褐色簇状毛组成的绒毛，枝灰褐色或黑褐色。叶片纸质至厚纸质，宽卵形或菱状卵形，长4～9厘米，顶端钝或短尖至短渐尖，基部圆形至截形或宽楔形、稀楔形，除边缘基部外常有小尖齿，上面有时散生具柄的红褐色微小腺体，初时被簇状或叉状毛，后仅脉上有毛，下面毛较密，无腺点，侧脉5～9对，直达齿端；无托叶。复伞形式聚伞花序顶生或生于具1对叶的侧生小枝顶端，总花梗长1～3.5厘米或极少近于无；萼筒倒圆锥形，萼齿钝三角形；花冠白色，辐状，裂片卵形，比花冠筒长。果实红色，核扁，有2条腹沟和1条背沟。花期4—5月，果期10—11月。

生　　境 | 生于山谷溪涧旁疏林、山坡灌丛中或平原旷野，海拔几十米至1 300米。

模式标本 | C. Ford s. n.（Herb. Hance no. 22086）；C. Ford 1882年5月6日采于鼎湖山（Ting-ü-shan）；保存于美国哈佛大学标本室（GH00031562）、美国费城自然科学博物馆（PH00028936）、英国自然历史博物馆（BM000944993），以及英国邱园标本馆（K000797948）。

备　　注 | 南方荚蒾由H. F. Hance基于英国植物学家C. Ford采自鼎湖山的模式所发表。后者于1882年5月6日在鼎湖山采集过植物标本，这些植物标本后来被描述的新种有2个，除了南方荚蒾外，还有1种是紫背天葵。南方荚蒾的拉丁学名中的种加词*fordiae*是为了致敬C. Ford的妻子对丈夫工作的长期支持。

宋柱秋© 陈又生©

南方荚蒾的合模式标本（BM000944993）

参考文献

毕志树,李泰辉,1989. 广东鳞伞属的研究初报[J]. 真菌学报,8(2):94-97.

毕志树,李泰辉,1990. 粤产乳牛肝菌属的新分类群和新纪录[J]. 真菌学报,9(1):20-24.

毕志树,李泰辉,郑国扬,1986. 裸伞属的两个新种[J]. 真菌学报,5(2):93-98.

毕志树,李泰辉,郑国扬,1987. 广东小脆柄菇属的研究初报[J]. 广西植物,7(1):23-27.

毕志树,李泰辉,郑国扬,等,1984. 我国鼎湖山的担子菌类Ⅲ:牛肝菌科的种之二[J]. 真菌学报,3(4):199-206.

毕志树,李泰辉,郑国扬,等,1985a. 伞菌目的四个新种[J]. 真菌学报,4(3):155-161.

毕志树,陆大京,郑国扬,1982a. 我国鼎湖山的担子菌类Ⅱ:牛肝菌科的种之一[J]. 云南植物研究,4(1):55-64.

毕志树,郑国扬,1985b. 广东省杯伞属的分组及三个新种[J]. 广西植物,5(4):363-368.

毕志树,郑国扬,李崇,等,1982b. 鼎湖山的担子菌类Ⅵ:伞菌科的种[J]. 热带亚热带森林生态系统研究,1:185-196.

毕志树,郑国扬,李崇,等,1985c. 我国鼎湖山小皮伞属的分类研究[J]. 真菌学报,4(1):41-50.

毕志树,郑国扬,梁建庆,等,1983. 我国鼎湖山微皮伞属的分类研究[J]. 真菌学报,2(1):26-33.

毕志树,郑国扬,陆大京,等,1982c. 我国鼎湖山的担子菌类Ⅰ:多孔菌科的种[J]. 真菌学报,1(2):72-78.

陈邦余,1984. 鱼藤属植物一新种[J]. 植物分类学报,21(1):81-82.

程用谦,1979. 中国胡椒属资料[J]. 植物分类学报,17(1):24-41.

仇良栋,黄淑美,1975. 马兜铃属一新种——广防己[J]. 植物分类学报,13(2):108-110.

戴尊,陈星,张建行,等,2022. 浙江乌岩岭国家级自然保护区叶附生苔类及附主植物多样性[J]. 生物多样性,30(1):21-29.

方瑞征,吴征镒,1987. 越桔属新分类群[J]. 云南植物研究,9(4):379-395.

广东省植物研究所,1977. 海南植物志:第4卷[M]. 北京:科学出版社:217.

郭英兰,2002. 钉孢属三个新种[J]. 菌物系统,21(3):305-308.

郭英兰,刘锡琎,1992. 中国假尾孢属的研究Ⅱ[J]. 真菌学报,11(2):125-133.

黄成就,1978. 中国壳斗科植物新种及亚洲东南部几种椆属植物评注[J]. 植物分类学报,16(4):70-76.

黄展帆,范征广,1982. 鼎湖山的气候[J]. 热带亚热带森林生态系统研究(1):11-16.

黄忠良,2015. 广东鼎湖山国家级自然保护区综合科学考察报告[M]. 广州:广东科技出版社.

黄忠良,蒙满林,张佑昌,1998. 鼎湖山生物圈保护区的气候[J]. 热带亚热带森林生态系统研究(8):134-139.

林邦娟，杨燕仪，李植华，1982．鼎湖山的苔藓植物[J]．热带亚热带森林生态系统研究（1）：58–76．

刘冰，覃海宁，2022．中国高等植物多样性编目进展[J]．生物多样性，30（7）：38–44．

刘锡琎，廖银章，1980．倒棒孢属和疣丝孢属的各两个种[J]．微生物学报，20（2）：116–121．

欧阳学军，宋柱秋，范宗骥，等，2019．广东鼎湖山自然保护区生物主模式标本内容分析[J]．热带亚热带植物学报，27（1）：90–98．

欧阳友生，宋斌，胡炎兴，1995．中国星盾炱属分类研究Ⅰ[J]．真菌学报，14（4）：241–247．

丘华兴，1998．华南大戟科植物增补[J]．热带亚热带植物学报，6（2）：101–104．

宋瑞清，项存悌，朱天博，等，1997．芽孢盘菌属一新种[J]．植物研究，17（2）：144–145．

覃海宁，赵莉娜，2017a．中国高等植物濒危状况评估[J]．生物多样性，25（7）：689–695．

覃海宁，杨永，董仕勇，等，2017b．中国高等植物受威胁物种名录[J]．生物多样性，25（7）：696–744．

王瑞江，2022．广东高等植物红色名录[M]．郑州：河南科学技术出版社．

王文采，1980．中国植物志：第28卷[M]．北京：科学出版社：357–358．

王文采，1982．中国苦苣苔科的研究（四）[J]．植物研究，2（4）：37–64．

王文采，1987．后蕊苣苔属分类[J]．植物研究，7（2）：1–16．

吴德邻，张力，2013．广东苔藓志[M]．广州：广东科技出版社：264–274．

吴厚水，邓汉增，陈华堂，等，1982．鼎湖山自然地理特征及其动态分析[J]．热带亚热带森林生态系统研究（1）：1–10．

吴兆洪，1986．毛子蕨属一新种[J]．中国科学院华南植物研究所集刊（2）：5．

杨衔晋，黄普华，崔鸿宾，等，1978．中国樟科植物志资料（二）[J]．植物分类学报，16（4）：38–69．

张宏达，1951．中国紫珠属植物之研究[J]．植物分类学报，1（3/4）：269–312．

张宏达，1981．山茶属植物的系统研究[J]．中山大学学报（自然科学）论丛（1）：1–180．

张若蕙，1984．中国红豆属的研究[J]．植物分类学报，22（1）：6–21．

郑永利，夏念和，2002．广东苦苣苔科植物新资料[J]．热带亚热带植物学报，10（1）：33–34．

朱瑞良，王幼芳，1992．鼎湖山叶附生苔类植物的初步研究[J]．华东师范大学学报（自然科学版）（2）：90–97．

朱相云，2015．中国生物物种名录：第1卷：植物：种子植物（Ⅳ）[M]．北京：科学出版社．

ADAMČÍK S, CAI L, CHAKRABORTY D, et al., 2015. Fungal Biodiversity Profiles 1–10[J]. Cryptogamie, mycologie, 36（2）：121–166.

ANTON W, DAVID J M, ALAN F, et al., 2011. Molecular systematics and remodelling of *Chirita* and associated genera（Gesneriaceae）[J]. Taxon, 60（3）：767–790.

BI Z S, ZHENG G Y, LOH T C, et al., 1985. Some species and varieties of Agaricales from Dinghu Mountain[J]. The microbiological journal, 1（1）：24–30.

BI Z S, LI T H, ZHENG G Y, 1986a. Taxonomic studies on *Mycena* from Guangdong Province of

China[J]. Acta mycologica sinica, 6（1）: 8-14.

BI Z S, ZHENG G Y, LI T H, 1986b. Taxonomic studies on the genus *Entoloma* from Guangdong Province of China[J]. Acta mycologica sinica, 5（3）: 161-169.

BI Z S, ZHENG G Y, LI T H, 1993. The macrofungus flora of China's Guangdong Province[M]. Hongkong: Chinese University Press: 1-734.

CARRERO C, JEROME D, BECKMAN E, et al., 2020. The red list of oaks[M]. Chicago: The Morton Arboretum.

CHAVERRI P, BISCHOFF J F, EVANS H C, et al., 2005. *Regiocrella*, a new entomopathogenic genus with a pycnidial anamorph and its phylogenetic placement in the Clavicipitaceae[J]. Mycologia, 97（6）: 1225-1237.

CHEN C C, CHEN C Y, WU S H, 2021. Species diversity, taxonomy and multi-gene phylogeny of phlebioid clade（Phanerochaetaceae, Irpicaceae, Meruliaceae）of Polyporales[J]. Fungal diversity, 111: 337-442.

CHENG C Y, YANG C S, 1983. A synopsis of the Chinese species of *Asarum*（Aristolochiaceae）[J]. Journal of the Arnold arboretum, 64: 565-597.

CHISTENSEN C, 1933. Annotationes et corrigenda ad Wu, Wong et Pong: Polypodiaceae Yaoshanensis, Kwangsi, Part 1[J]. Bulletin of the department of biology, College of Science, Sun Yatsen University, 6: 1-5.

CHISTENSEN C, CHING R C, 1934. *Pteridrys*, a new fern genus from tropical Asia[J]. Bulletin of the fan memorial institute of biology, 5: 125-148.

CLARKE C B, 1883. Cyrtandreae[J]. Monographle phanerogamarum, 5（1）: 1-63.

DAS K, GHOSH A, CHAKRABORTY D, et al., 2017. Fungal biodiversity profiles 31-40[J]. Cryptogamie, mycologie, 38（3）: 353-406.

DENG M, JIANG X L, HIPP A L, et al., 2018. Phylogeny and biogeography of East Asian evergreen oaks（Quercus section Cyclobalanopsis; Fagaceae）: insights into the Cenozoic history of evergreen broad-leaved forests in subtropical Asia[J]. Molecular phylogenetics and evolution, 119: 170-181.

ELLIS L T, 2003. A revised synonymy for *Syrrhopodon trachyphyllus*（Calymperaceae, Musci）and some related old world taxa[J]. Systematics and biodiversity, 1（2）: 159-172.

ENROTH J, 1993. Contributions to the Bryoflora of China. 2. *Caduciella guangdongensis* sp. nov.（Leptodontaceae, Musci）[J]. The bryologist, 96（3）: 471-473.

GILBERT M G, 1995. Notes on the Asclepiadaceae of China[J]. Novon, 5（1）: 1-16.

GUO Y L, LIU X J, 1992. Studies on the genus *Pseudocercospora* in China Ⅵ[J]. Mycostema, 5: 99-108.

HANCE H F, 1862. Manipulus Plantarum novarum, Potissime Chinensium, Adjectis notulis nonnullis affinitates, Caet., Respicientibus[J]. Annales des sciences naturelles: botanique, 4（18）: 216-

238.

HANCE H F, 1866. Adversaria in stirpes imprimis Asia orientalis, Criticas minusve notas interjectis novarum plurimarum diagnosibus[J]. Annales des sciences naturelles: botanique, 5 (5): 202–261.

HANCE H F, 1868. Sertulum Chinense: a decade of interesting new Chinese plants[J]. Journal of botany, British and foreign, 6 (6): 114–116.

HANCE H F, 1871. Sertulum Chinense sextum: a sixth decade of new Chinese plants[J]. Journal of botany, British and foreign, 9: 130–134.

HANCE H F, 1874. De nova Asplenii specie[J]. Journal of botany, British and foreign, 12: 142–143.

HANCE H F, 1879. Spicilegia flore sinensis: diagnoses of new, and habitats of rare or hitherto unrecorded Chinese plants[J]. Journal of botany, British and foreign, 8: 7–17.

HANCE H F, 1883a. Spicilegia florae sinensis: diagnoses of new, and habitats of rare or hitherto unrecorded Chinese plants. Ⅷ[J]. Journal of botany, British and foreign, 21: 321–324.

HANCE H F, 1883b. Three new Chinese begonias[J]. Journal of the linnean scociety, 18 (114): 202–203.

HANDEL-MAZZETTI H, 1922. Plantae novae Sinenses, diagnosibus brevibus descriptae a Dre[J]. Anzeiger der akademie der wissenschaften in Wien, mathematische-naturwissenschaftliche klasse, 59: 101–112.

HATTORI S, 1981. Notes on the Asiatic species of the genus *Frullania*, Hepaticae, ⅩⅢ[J]. Journal of the Hattori botanical laboratory, 49: 147–168.

HOSEN M I, XU J Y, LI T, et al., 2020. *Tricholomopsis rubroaurantiaca*, a new species of Tricholomataceae from southern China[J]. Mycoscience, 61: 342–347.

HU S Y, 1954. Notes on the flora of China, Ⅲ[J]. Journal of the Arnold arboretum, 35 (2): 189–200.

INDERBITZIN P, HUANG Z L, 2001. *Melanocma dinghuense*, a new loculoascomycete with Munk pore-like perforations from Dinghushan Biosphere Reserve in southern China[J]. Mycoscience, 42: 187–191.

JUDD W S, 1986. A taxomomic revision of *Craibiodendron* (Ericaceae) [J]. Journal of the Arnold arboretum, 67 (1): 441–469.

KARTHIGEYAN K, JEYAPRAKASH K, 2018. Lectotypification of *Jasminum pentaneurum* (Oleaceae) [J]. Journal of Japanese botany, 93 (5): 354–356.

KENG Y L, 1933. Two new grasses from Kwangtung[J]. Sunyatsenia, 1 (2/3): 128–131.

LEE G E, GRADSTEIN S R, PESIU E, et al., 2022. An updated checklist of liverworts and hornworts of Malaysia[J]. PhytoKeys, 199: 29–111.

LI C H, LI T H, SHEN Y H, 2009. Two new blue species of *Entoloma* (Basidiomycetes,

Agaricales）from South China[J]. Mycotaxon, 107: 405–412.

LI J W, ZHENG J F, SONG Y, et al., 2019. Three novel species of *Russula* from southern China based on morphological and molecular evidence[J]. Phytotaxa, 392（4）: 264–276.

LI T H, DENG C Y, SONG B, 2008. A distinct species of *Cordyceps* on coleopterous larvae hidden in twigs[J]. Mycotaxon, 103: 365–369.

LI T H, DENG W Q, DENG C Y, et al., 2012. A new species of *Lentinellus* from China[J]. Journal of fungal research, 10（3）: 130–132.

LI T H, DENG W Q, SONG B, 2003. A new cyanescent species of *Gyroporus* from China[J]. Fungal diversity, 12: 123–127.

LI T, LI T H, WANG C Q, et al., 2017. *Gerhardtia sinensis*（Agaricales, Lyophyllaceae）, a new species and a newly recorded genus for China[J]. Phytotaxa, 332（2）: 172–180.

LIAO S, ZHU X X, LI H Q, 2021. An overview on the valid publication of *Aristolochia fangchi* and the status of *Isotrema fangchi*（Aristolochiaceae）[J]. Phytotaxa, 520（1）: 113–115.

LIU F, CAI L, 2013. A novel species of *Gliocladiopsis* from freshwater habitat in China[J]. Cryptogamie, mycologie, 34（3）: 233–241.

LIU F, HU D M, CAI L, 2012. *Conlarium dupliciascosporum* gen. et. sp. nov. and *Jobellisia guangdongensis* sp. nov. from freshwater habitats in China[J]. Mycologia, 104（5）: 1178–1186.

LIU T T, HU D M, LIU F, et al., 2013. Polyphasic characterization of Plectosphaerella oligotrophica, a new oligotrophic species from China[J]. Mycoscience, 54（5）: 387–393.

LU Y Z, LIU J K, HYDE K D, et al., 2018. A taxonomic reassessment of Tubeufiales based on multi-locus phylogeny and morphology[J]. Fungal diversity, 92: 131–344.

LUO J, ZHUANG W Y, 2010. Four new species and a new Chinese record of the nectrioid fungi[J]. Science China-life sciences, 53（8）: 909–915.

MA J, XIA J W, CASTAÑEDA-RUÍZ R F, et al., 2014a. *Nakataea setulosa* sp. nov. and *Uberispora formosa* sp. nov. from southern China[J]. Mycological progress, 13（3）: 753–758.

MA J, XIA J W, ZHANG X G, et al., 2014b. *Arachnophora dinghuensis* sp. nov. and *Websteromyces inaequale* sp. nov., and two new records of anamorphic fungi from dead branches of broad-leaved trees in China[J]. Mycoscience, 55（5）: 329–335.

MAO W L, WU Y D, LIU H G, et al., 2023. A contribution to Porogramme（Polyporaceae, Agaricomycetes）and related genera[J]. IMA fungus, 14（5）: 1–22.

MERRILL E D, 1919. Additional notes on the Kwangtung flora[J]. The Philippine journal of science, 15（3）: 225–261.

MERRILL E D, 1929. Unrecoded plants from Kwangtung Province II [J]. Lingnan science journal, 7: 297–326.

MERRILL E D, METCALF F P, 1942. *Hedyotis Linnaeus* versus *oldenlandia Linnaeus* and the status of *Hedyotis lancea* Thunberg in relation to *H. consanguinea* Hance[J]. Journal of the Arnold arboretum, 23: 226–230.

MERRILL E D, PERRY L M, 1938. The myrtaceae of China[J]. Journal of the Arnold arboretum, 19(3): 191–247.

METCALF F P, 1932. Botanical notes on Fukien and southeast China Ⅵ–Ⅻ[J]. Lingnan science journal, 11(1): 5–23.

MŐLLER M, MIDDLETON D, NISHII K, et al., 2011. A new delineation for *Oreocharis* incorporating an additional ten genera of Chinese Gesneriaceae[J]. Phytotaxa, 23: 1–36.

NIELSEN I, 1979. Note on the genera *Archidendron* F. V. Mueller and *Pithecellobium* Martius in Mainland S. E. Asia[J]. Adansonia, 19(1): 3–37.

OLSSON S, BUCHBENDER V, ENROTH J, et al., 2010. Phylogenetic relationships in the Pinnatella clade of the moss family Neckeraceae(Bryophyta)[J]. Organisms, diversity and evolution, 10(2): 107–122.

REESE W D, LIN P J, 1989. Two new species of *Syrrhopodon* from southeast Asia[J]. The bryologist, 92(2): 186–189.

ROLFE R, 1896. DXXXIV—New orchids—Decades 17–20[J]. Bulletin of miscellaneous informaion, 119: 193–204.

SONG B, LI T H, LIANG J Q, 2002a. A new species of *Asterina* from China[J]. Mycosystema, 21(1): 15–16.

SONG B, LI T H, SHEN Y H, 2004. New species of *Asterina* from Guangdong, China[J]. Mycotaxon, 90: 29–34.

SONG B, LI T H, ZHANG A L, 2002b. Two new species of *Trichasterina* from China[J]. Mycosystema, 21(3), 309–312.

SONG B, OUYANG Y S, 2003. A new *Asterina* species on Trichosanthes[J]. Mycosystema, 22(1): 14–15.

SONG Y, 2022. Species of *Russula* subgenus *Heterophyllidiae*(Russulaceae, Basidiomycota)from Dinghushan Biosphere Reserve[J]. European journal of taxonomy, 826: 1–32.

SONG Y, BUYCK B, LI J W, et al., 2018a. Two novel and a forgotten *Russula* species in sect. *Ingratae*(Russulales)from Dinghushan Biosphere in southern China[J]. Cryptogamie, mycologie, 39(3): 341–357.

SONG Y, LI J W, BUYCK B, et al., 2018b. *Russula verrucopora* sp. nov. and *R. xanthovirens* sp. nov., two novel species of *Russula*(Russulaceae)from southern China[J]. Cryptogamie, mycologie, 39(1): 129–142.

SONG Y, ZHANG J B, LI J W, et al., 2018c. *Lactifluus sinensis* sp. nov. and *L. sinensis* var. *reticulatus* var. nov.(Russulaceae)from southern China[J]. Nova hedwigia, 107(1/2): 91–103.

SONG Y, ZHANG J B, LI J W, et al., 2017. Phylogenetic and morphological evidence for *Lactifluus robustus* sp. nov. (Russulaceae) from southern China[J]. Nova hedwigia, 105 (3/4): 519–528.

SUN H, VINCENT M A, 2010. Flora of China: Vol. 10[M]//WU Z Y, RAVEN P H, HONG D Y. Ormosia. Beijing: Science Press.

TERESA L, TAKAMICHI O, NITARO M, 2012. The sequestrate genus *Rosbeeva* T. Lebel & Orihara gen. nov. (Boletaceae) from Australasia and Japan: new species and new combinations[J]. Fungal diversity, 52: 49–71.

TSIANG Y, 1936. Notes on the Asiatic Apocynales Ⅲ [J]. Sunyatsenia, 3 (2/3): 121–240.

WALKER E H, 1931. Four new species of Myrsinaceae from China[J]. Journal of the Washington academy of sciences, 21 (19): 477–480.

WANG G S, SONG Y, LI J W, et al., 2018. *Lactarius verrucosporus* sp. nov. and *L. nigricans* sp. nov., two new species of *Lactarius* (Russulaceae) from southern China[J]. Phytotaxa, 364 (3): 227–240.

WANG Q B, YAO Y J, 2004. Revision and nomenclature of several boletes in China[J]. Mycotaxon, 89 (2): 341–348.

WEBER A, BURTT B L, 1998. Didissandra: redefinition and partition of an artificial genus of Gesneriaceae[J]. Beiträge zur biologie der pflanzen, 70 (2/3): 153–178.

WU G, Li Y C, ZHU X T, et al., 2016. One hundred noteworthy boletes from China[J]. Fungal diversity, 81: 25–188.

WU W P, DIAO Y Z, 2022. Anamorphic chaetosphaeriaceous fungi from China[J]. Fungal diversity, 116: 1–546.

WU Z Y, RAVEN P H, HONG D Y, 2013. Flora of China: Pteridophytes: Vol. 2–3[M]. Beijing: Science Press.

XIANG C L, PENG H, 2013. Valid publication of *Croton dinghuensis* (Euphorbiaceae) and *Helicia yangchunensis* (Proteaceae), two species endemic to Guangdong, China[J]. Novon, 22 (3): 377–378.

XU L R, CHEN D Z, ZHU X Y, et al., 2010. Flora of China: Vol. 10[M]//WU Z Y, RAVEN P H, HONG D Y. Fabaceae (Leguminosae). Beijing: Science Press: 1–577.

YAN W J, LI T H, ZHANG M, et al., 2013. *Xerocomus porophyllus* sp. nov., morphologically intermediate between *Phylloporus* and *Xerocomus*[J]. Mycotaxon, 124: 255–262.

YANG Y P, DWYER J D, 1989. Taxonomy of Subgenus *Bladhia* of *Ardisia* (Myrsinaceae) [J]. Taiwania, 34 (2): 192–298.

YANG Z L, ZHANG L F, 2003. Type studies on *Clitocybe macrospora* and *Xerula furfuracea* var. *bispora*[J]. Mycotaxon, 88: 447–454.

YU T T, TSAI H T, 1936. Contribution to the knowledge of Chinese Rosaceae[J]. Bulletin of the fan memorial institute of biology, 7: 113–126.

YUAN F, SONG Y, BUYCK B, et al., 2019. *Russula viridicinnamomea* F. Yuan & Y. Song, sp. nov. and *R. pseudocatillus* F. Yuan & Y. Song, sp. nov. two new species from southern China[J]. Cryptogamie, mycologie, 40（4）: 45–56.

YUAN H S, 2013. *Dichomitus sinuolatus* sp. nov. （Basidiomycota, Polyporales）from China and a key to the genus[J]. Nova hedwigia, 97（3/4）: 495–501.

ZHANG B C, 1991. Revision of Chinese species of *Elaphomyces* （Ascomycotina, elapomycetales） [J]. Mycological research, 95（8）: 973–985.

ZHANG B C, YU Y N, 1989. *Chamonixia bispora* sp. nov. （Boletales）from China[J]. Mycotaxon, 35（2）: 227–281.

ZHANG J B, HUANG H W, QIU L H, 2016. *Lactifluus dinghuensis* sp. nov. from southern China[J]. Nova hedwigia, 102（1/2）: 233–240.

ZHANG J B, LI J W, LI F, et al., 2017. *Russula dinghuensis* sp. nov. and *R. subpallidirosea* sp. nov., two new species from southern China supported by morphological and molecular evidence[J]. Cryptogamie, mycologie, 38（2）: 191–203.

ZHAO G Z, LIU X Z, WU W P, 2007. Helicosporous hyphomycetes from China[J]. Fungal diversity, 26（2）: 313–524.

ZHENG J W, LI J W, SONG Y, et al., 2019. *Agaricus rubripes* sp. nov., a new species from southern China[J]. Nova hedwigia, 109（1/2）: 233–246.

ZHOU B F, YUAN S, CROWL A A, et al., 2022. Phylogenomic analyses highlight innovation and introgression in the continental radiations of Fagaceae across the Northern Hemisphere[J]. Nature communications, 13（1）: 1–14.

ZHOU S Y, SON Y, CHEN K X, et al., 2020. Three novel species of *Russula* Pers. subg. *Compactae* （Fr.）Bon from Dinghushan Biosphere Reserve in southern China[J]. Cryptogamie, mycologie, 41（14）: 219–234.

ZHU X X, LI X Q, IIAO S, et al., 2019. Reinstatement of *Isotrema*, a new generic delimitation of *Aristolochia* subgen, *Siphisia* （Aristolochiaceae）[J]. Phytotaxa, 401（1）: 1–23.

ZHUANG W Y, ZHENG H D, REN F, 2017. Taxonomy of the genus *Bisporella* （Helotiales）in China with seven new species and four new records[J]. Mycosystema, 36（4）: 401–420.

附录1

已处理为异名的以鼎湖山为模式产地的真菌和植物名称

1. *Clitocybe subcandicans* Z. S. Bi，Guihaia 5（4）：365（1985）。模式标本：毕志树HMIGD 5478，1981年4月1日采自鼎湖山，属于不合法命名。当前接受名：*Clitocybe subcandicans* Murrill。

2. *Marasmius subaimara* Z. S. Bi，Acta mycologica sinica 4（1）：45（1985）。模式标本：毕志树 HMIGD 4662，1980年9月6日采自鼎湖山，之后在*The Macrofungus Flora of China's Guangdong Province*（1993）变更名称为：*Collybia cylindrospora* Kauffman。

3. *Marasmius subsetiger* Z. S. Bi & G. Y. Zheng，Acta mycologica sinica 4（1）：43（1985）。模式标本：毕志树HMIGD 4537，1981年4月1日采自鼎湖山，之后在*The Macrofungus Flora of China's Guangdong Province*（1993）变更名称为：*Marasmius hymeniicephalus*（Sacc.）Singer。

4. *Marasmius umbilicatus* Z. S. Bi & G. Y. Zheng，Acta mycologica sinica 4（1）：44（1985）。模式标本：毕志树HMIGD 5305，1981年5月12日采自鼎湖山。当前接受名：*Marasmius umbilicatus* Kauffman。

5. *Mycena subgracilis* Z. S. Bi，Acta mycologica sinica 6（1）：10（1987）。模式标本：毕志树 HMIGD 4318，1981年4月2日采自鼎湖山。当前接受名：*Mycena bii* Blanco-Dios。

6. *Panellus retislamellus* G. Y. Zheng，热带亚热带森林生态系统研究 10（1）：190（1982）。模式标本：毕志树HMIGD 4394，1981年4月4日采自鼎湖山白云寺附近，后更名为：*Panellus reticulatovenosus* G. Y. Zheng & Z. S. Bi。模式标本：毕志树HMIGD 5485，1981年6月13日采自鼎湖山，之后在*The Macrofungus Flora of China's Guangdong Province*（1993）变更名称为：*Marasmiellus corticum* Singer。

7. *Alyxia levinei* Merr.，The Philippine journal of science 15（3）：254（1919）。模式标本：C. O. Levine 1975，1918年5月26日采自鼎湖山（Ting Woo Mountain），存于美国哈佛大学阿诺德树木园标本馆（A00057787）。当前接受名：*Alyxia sinensis* Champ. ex Benth.。

8. *Ardisia argenticaulis* Y. P. Yang，Taiwania 34（2）：287（1989）。模式标本：陈焕镛（W. Y. Chun）6274，1928年5月4日采自鼎湖山（Teng Wu Shan），存于广西植物研究所标本馆（IBK00047750）、美国哈佛大学阿诺德树木园标本馆（A00025232），以及美国加利福尼亚大学标本馆（UC347443）。当前接受名：*Ardisia cymosa* Blume。

9. *Camellia subglabra* H. T. Chang，中山大学学报（自然科学版）论丛（1）：167（1981）。模式标本：李启精106，1964年11月采自鼎湖山鸡笼山，存于中山大学植物标本室（SYS00094846、SYS00091858、SYS00091862）。当前接受名：*Camellia caudata* Wall. var. *gracilis*（Hemsl.）Yamam. ex Keng。

10. *Ilex kudingcha* C. J. Tseng，植物研究1（1/2）：21（1981）。模式标本：梁向日60355，

1931年2月1日采自鼎湖山寺庙前，存于中国科学院华南植物园标本馆（IBSC0001465、IBSC0706206）。当前接受名：*Ilex kaushue* S. Y. Hu。

11. *Indosasa angustifolia* W. T. Lin，植物分类学报 26（3）：225（1988）。模式标本：吴瀚 31859，采自鼎湖山，存于华南农业大学林学与风景园林学院树木标本室（CANT），模式标本未找到，可能已遗失。当前接受名：*Oligostachyum scabriflorum*（McClure）Z. P. Wang & G. H. Ye。

12. *Indosasa lunata* W. T. Lin，植物分类学报 26（3）：226（1988）。模式标本：肖绵韵53489，采自鼎湖山，存于华南农业大学林学与风景园林学院树木标本室（CANT），模式标本未找到，可能已遗失。《中国植物志》（第9卷，1996）、*Flora of China*（第22卷，2006）、《广东植物志》（第9卷，2009）、《中国生物物种名录》2022版等均不接受该种。

13. *Lasianthus tenuicaudatus* Merr.，Lingnan science journal 7：324（1931）。模式标本：蒋英822，1928年7月5日采自鼎湖山（Tingwushan）老庙附近，存于江苏省中国科学院植物研究所标本馆（NAS00072665）、中国科学院华南植物园标本馆（IBSC0443938、IBSC0443939）及美国加利福尼亚大学标本馆（UC358929）。当前接受名：*Lasianthus formosensis* Matsum.。

14. *Lettsomia chalmersii* Hance，Journal of botany，British and foreign 16：230（1878）。模式标本：J. Chalmers s. n.（Herb. Hance no. 20203），1874年11月采自鼎湖山（Ting-ü-shan），存于英国自然历史博物馆（BM000847724）。当前接受名：*Argyreia acuta* Lour.。

15. *Machilus levinei* Merr.，The Philippine journal of science 15（3）：236（1919）。模式标本：C. O. Levine 2024，1918年5月26日采自鼎湖山（Teng Woo Mountain），保存于美国哈佛大学阿诺德树木园标本馆（A000418720）、美国密苏里植物园标本馆（MO255221）及美国史密森研究院植物标本馆（US00955723）。当前接受名：*Machilus phoenicis* Dunn。

16. *Mallotus contubernalis* Hance，Journal of botany, British and foreign 20（238）：293（1882）。模式标本：Herb. Propr., no. 17694，1872年7月17日采自鼎湖山（Ting-ü-shan），存于英国邱园标本馆（K000187060）和英国自然历史博物馆（BM000951474）。当前接受名：*Mallotus repandus*（Rottler）Müll. Arg.。

17. *Melodinus wrightioides* Hand.-Mazz.，Beihefte zum botanischen centralblatt L6：460（1937）。模式标本：R. E. Mell 229，采自鼎湖山（Dingwu-schan），采集时间可能为1918年3月26日，存于奥地利维也纳大学标本馆（WU0060846）。当前接受名：*Melodinus fusiformis* Champ. ex Benth.。

18. *Ormosia semicastrata* Hance f. *pallida* F. C. How，植物分类学报 1（2）：235（1951）。模式标本：左景烈21342，1929年10月18日采自鼎湖山，存于中国科学院华南植物园标本馆（IBSC0000954）。当前接受名：*Ormosia semicastrata* Hance。

19. *Photinia consimilis* Hand.-Mazz.，Anzeiger der akademie der wissenschaften in Wien, mathematische-naturwissenchaftliche klasse 59：103（1922）。模式标本：R. E. Mell 223，1918年3月26日采自鼎湖山，存于奥地利维也纳大学标本馆（WU0059452）。当前接受名：*Photinia prunifolia*（Hook. & Arn.）Lindl.。

20. *Rhododendron tingwuense* P. C. Tam，广东医药资料 4：36（1978）。模式标本：谭沛祥 7317，1973年3月24日采自鼎湖山鸡笼山山顶附近，存于中国科学院华南植物园标本馆 （IBSC0002548）。当前接受名：*Rhododendron tsoi* Merr.。

21. *Sinobambusa pulchella* T. H. Wen，竹子研究汇刊 1（2）：16（1982）。模式标本：梁宝汉（梁 汉宝）11133，采自鼎湖山，存于华南农业大学林学与风景园林学院树木标本室（CANT）， 模式标本未找到。当前接受名：*Pseudosasa cantorii*（Munro）P. C. Keng ex S. L. Chen et al.。

22. *Wendlandia rotundifolia* Hand.-Mazz.，Anzeiger der akademie der wissenschaften in Wien， mathematische-naturwissenchaftliche klasse 59：112（1922）。模式标本：R. E. Mell 208，1918 年3月26日采自鼎湖山（Dingwu-schan），可能存于奥地利维也纳大学标本馆（WU）。当前 接受名：*Wendlandia uvariifolia* Hance。

鼎湖山最先发现的真菌界物种所采用的属级分类系统列表

真菌界 Fungi
  子囊菌门 Ascomycota
    座囊菌纲 Dothideomycetes
      星盾炱目 Asterinales
        星盾壳科 Asterinaceae
          星盾炱属 *Asterina*
          毛星盾壳属 *Trichasterina*
      球腔菌目 Mycosphaerellales
        球腔菌科 Mycosphaerellaceae
          钉孢属 *Passalora*
          假尾孢属 *Pseudocercospora*
        畸球腔菌科 Teratosphaeriaceae
          疣丝孢属 *Stenella*
      格孢腔菌目 Pleosporales
        黑球腔菌科 Melanommataceae
          黑球腔菌属 *Melanomma*
        毛筒壳科 Tubeufiaceae
          旋卷孢属 *Helicosporium*
          新旋卷孢属 *Neohelicosporium*
    散囊菌纲 Eurotiomycetes
      散囊菌目 Eurotiales
        大团囊菌科 Elaphomycetaceae
          大团囊菌属 *Elaphomyces*
    锤舌菌纲 Leotiomycetes
      柔膜菌目 Helotiales
        柔膜菌科 Helotiaceae
          双孢盘菌属 *Bisporella*
      锤舌菌目 Leotiales
        芽孢盘菌科 Tympanidaceae
          芽孢盘菌属 *Tympanis*
    粪壳菌纲 Sordariomycetes
      梭孢菌目 Atractosporales

群果壳科 Conlariaceae
  群果壳属 *Conlarium*
刺球壳目 Chaetosphaeriales
  刺球壳科 Chaetosphaeriaceae
    鞋形小孢菌属 *Calceisporiella*
    孢子菌属 *Codinaea*
    长梗串孢霉属 *Menisporopsis*
    新泰诺球菌属 *Neotainosphaeria*
    拟长梗串孢霉 *Nimesporella*
    拟顶囊壳菌属 *Paragaeumannomyces*
    硬毛亮束梗孢属 *Stilbochaeta*
    托泽特菌属 *Thozetella*
小丛壳目 Glomerellales
  不整小球壳孢科 Plectosphaerellaceae
    不整小球壳孢属 *Plectosphaerella*
肉座菌目 Hypocreales
  麦角菌科 Clavicipitaceae
    类蜜孢霉属 *Regiocrella*
  虫草菌科 Cordycipitaceae
    虫草属 *Cordyceps*
  丛赤壳科 Nectriaceae
    拟胶帚霉属 *Gliocladiopsis*
    新丛赤壳属 *Neonectria*
佐布艾利斯目 Jobellisiales
  佐布艾利斯菌科 Jobellisiaceae
    佐布艾利斯菌属 *Jobellisia*
巨座壳菌目 Magnaporthales
  巨座壳菌科 Magnaporthaceae
    双曲孢属 *Nakataea*
未定目 Incertae sedis
  未定科 Incertae sedis
    埃氏瑞属 *Ellisembia*

未定纲 Incertae sedis

  未定目 Incertae sedis

    未定科 Incertae sedis

      蛛丝孢属 *Arachnophora*

      藤菌属 *Rattania*

担子菌门 Basidiomycota

  蘑菇纲（伞菌纲）Agaricomycetes

    蘑菇目（伞菌目）Agaricales

      蘑菇科（伞菌科）Agaricaceae

        蘑菇属 *Agaricus*

      鹅膏菌科 Amanitaceae

        鹅膏属 *Amanita*

      粉褶蕈科 Entolomataceae

        粉褶蕈属 *Entoloma*

      层腹菌科 Hymenogastraceae

        裸伞属 *Gymnopilus*

      丝盖伞科 Inocybaceae

        丝盖伞属 *Inocybe*

      离褶伞科 Lyophyllaceae

        格式菇属 *Gerhardtia*

      小皮伞科 Marasmiaceae

        小皮伞属 *Marasmius*

      小菇科 Mycenaceae

        小菇属 *Mycena*

      类脐菇科 Omphalotaceae

        微皮伞属 *Marasmiellus*

      泡头菌科 Physalacriaceae

        小奥德蘑属 *Oudemansiella*

      鬼伞科（小脆柄菇科）Psathyrellaceae

        小脆柄菇属 *Psathyrella*

      球盖菇科 Strophariaceae

        鳞伞属 *Pholiota*

      口（白）蘑科 Tricholomataceae

        口（白）蘑属 *Tricholoma*

      未定科 Incertae sedis

        杯伞属 *Clitocybe*

        拟口（白）蘑属 *Tricholomopsis*

    牛肝菌目 Boletales

      牛肝菌科 Boletaceae

        金牛肝菌属 *Aureoboletus*

        条孢牛肝菌属 *Boletellus*

        牛肝菌属 *Boletus*

        卡氏腹菌属 *Chamonixia*

        洛腹菌属 *Rossbeevera*

        绒盖牛肝菌属 *Xerocomus*

      圆孔牛肝菌科 Gyroporaceae

        圆孔牛肝菌属 *Gyroporus*

      乳牛肝菌科 Suillaceae

        小牛肝菌属 *Boletinus*

        乳牛肝菌属 *Suillus*

    刺（锈）革菌目 Hymenochaetales

      刺（锈）革菌科 Hymenochaetaceae

        铗孔菌属 *Coltricia*

    多孔菌目 Polyporales

      原毛平革菌科 Phanerochaetaceae

        原毛平革菌属 *Phanerochaete*

      多孔菌科 Polyporaceae

        叉丝孔菌属 *Dichomitus*

        多孔菌属 *Polyporus*

        线孔菌属 *Porogramme*

    红菇目 Russulales

      耳匙菌科 Auriscalpiaceae

        小香菇属 *Lentinellus*

      红菇科 Russulaceae

        乳菇属 *Lactarius*

        水乳菇属 *Lactifluus*

        红菇属 *Russula*

毛霉门 Mucoromycota

  毛霉纲 Mucoromycetes

    毛霉目 Mucorales

      小克银汉霉科 Cunninghamellaceae

        球托霉菌属 *Gongronella*

鼎湖山最先发现的植物界物种所采用的属级分类系统列表

植物界 Plantae

  苔藓植物门 Bryophyta

    叶苔纲 Jungermanniopsida

      光萼苔目 Porellales

        耳叶苔科 Frullaniaceae

          耳叶苔属 *Frullania*

        细鳞苔科 Lejeuneaceae

          疣鳞苔属 *Cololejeunea*

    真藓纲 Bryopsida

      曲尾藓目 Dicranales

        花叶藓科 Calymperaceae

          网藓属 *Syrrhopodon*

      灰藓目 Hypnales

        平藓科 Neckeraceae

          台湾藓属 *Caduciella*

  蕨类植物门 Pteridophyta

    木贼纲 Equisetopsida

      水龙骨目 Polypodiales

        铁角蕨科 Aspleniaceae

          铁角蕨属 *Asplenium*

        蹄盖蕨科 Athyriaceae

          双盖蕨属 *Diplazium*

        鳞毛蕨科 Dryopteridaceae

          鳞毛蕨属 *Dryopteris*

        牙蕨科 Pteridryaceae

          牙蕨属 *Pteridrys*

  种子植物门 Spermatophyta

    木兰纲 Magnoliopsida

      胡椒目 Piperales

        胡椒科 Piperaceae

          胡椒属 *Piper*

        马兜铃科 Aristolochiaceae

          细辛属 *Asarum*

          关木通属 *Isotrema*

      樟目 Laurales

        樟科 Lauraceae

          山胡椒属 *Lindera*

          木姜子属 *Litsea*

      天门冬目 Asparagales

        兰科 Orchidaceae

          吻兰属 *Collabium*

      禾本目 Poales

        禾本科 Poaceae

          柳叶箬属 *Isachne*

      毛茛目 Ranunculales

        毛茛科 Ranunculaceae

          铁线莲属 *Clematis*

      豆目 Fabales

        豆科 Fabaceae

          双束鱼藤属 *Aganope*

          猴耳环属 *Archidendron*

          红豆属 *Ormosia*

      蔷薇目 Rosales

        蔷薇科 Rosaceae

          蔷薇属 *Rosa*

      壳斗目 Fagales

        壳斗科 Fagaceae

          栎属 *Quercus*

      葫芦目 Cucurbitales

        秋海棠科 Begoniaceae

          秋海棠属 *Begonia*

      金虎尾目 Malpighiales

大戟科 Euphorbiaceae

　巴豆属 *Croton*

　血桐属 *Macaranga*

桃金娘目 Myrtales

　桃金娘科 Myrtaceae

　　蒲桃属 *Syzygium*

杜鹃花目 Ericales

　报春花科 Primulaceae

　　杜茎山属 *Maesa*

　山茶科 Theaceae

　　山茶属 *Camellia*

　杜鹃花科 Ericaceae

　　金叶子属 *Craibiodendron*

　　越橘属 *Vaccinium*

龙胆目 Gentianales

　茜草科 Rubiaceae

　　耳草属 *Hedyotis*

　　蛇根草属 *Ophiorrhiza*

夹竹桃科 Apocynaceae

　黑鳗藤属 *Jasminanthes*

紫草目 Boraginales

　紫草科 Boraginaceae

　　盾果草属 *Thyrocarpus*

唇形目 Lamiales

　木樨科 Oleaceae

　　素馨属 *Jasminum*

　苦苣苔科 Gesneriaceae

　　马铃苣苔属 *Oreocharis*

　　报春苣苔属 *Primulina*

　　漏斗苣苔属 *Raphiocarpus*

　唇形科 Lamiaceae

　　紫珠属 *Callicarpa*

　　牡荆属 *Vitex*

川续断目 Dipsacales

　荚蒾科 Viburnaceae

　　荚蒾属 *Viburnum*

中文名索引

拉丁学名索引

后　记

在鼎湖山从事自然保护和监测科研工作二十余载，深知其山体虽不大，名气却不小。物种名有"鼎湖"或"鼎湖山"便属其一。工作之初，常袭前辈之法，对外介绍时必提冠有"鼎湖"或"鼎湖山"之名的物种数量，且引以为豪。细究，方知此乃新物种命名方式之一，再探，找到鼎湖山发现的新物种不少，于是对此进行总结并于2019年的《热带亚热带植物学报》作了报道。小小面积竟然发现202种新物种，激起我欲揭开其真面目的好奇心，也加快了我搜集它们所有信息的步伐。然而，林学基础的我，又走入生态学的"大山"中，让我对鼎湖山发现的新物种一直若即若离。

机缘巧合，同乡宋柱秋博士到鼎湖山后，从原植物分类学领域转学生态学并成为同事（现在中国科学院华南植物园工作），同乡邓旺秋博士（在广东省科学院微生物研究所从事真菌分类研究工作）时常来鼎湖山调研考察。在获得两位分类专业人士的支持后，便萌生了一起编写汇集介绍鼎湖山发现的新物种的图书的想法。在鼎湖山森林生态系统定位研究站工作多年的张倩媚学长，积累了丰厚的鼎湖山资料，为实现这个想法插上了动力的翅膀。开编之际，邓旺秋博士因工作繁忙，随即推荐其同事李挺博士代为编撰。几经推敲，终定名曰《鼎湖山最先发现物种》。

然而，最大的困难还在于遍寻物种图片。幸得各位老师鼎力相助，尤其是广东省科学院微生物研究所的李泰辉研究员和宋斌研究员及其他老师、中山大学的邱礼鸿教授及其团队、中国科学院华南植物园的老师们提供了很多图片或有用资料，还有中山大学的凡强博士、广东药科大学的刘基柱教授、中国科学院广西植物研究所的韦毅刚研究员等提供了珍贵的照片，入选的图片皆有注明。有些物种发表年久，资料不全，终未得"真身"，尚有遗憾。这也是直到现在才出版的一个主要原因。

鼎湖山发现的新物种还有许多属于原核生物、原生生物和动物的物种，受限于专业背景、资料来源、物种图片和篇幅等因素，《鼎湖山最先发现物种》的第一册以汇集真菌和植物首先完成编写。为了让大家更好地了解鼎湖山，了解更多鼎湖山发现的新物种，第二册将汇集原核生物、原生生物和动物的物种，暂拟名为《鼎湖山最先发现物种——原核生物、原生生物和动物》。期待各位专家、学者参与其中。

所有过往，皆为序章。在《鼎湖山最先发现物种——真菌和植物》出版之际，由衷地感谢各位老师、同事、朋友的鼎力帮助。期待新的合作，期待新的一册。

欧阳学军

2023 年 12 月